Güldner Traktoren & Motoren

Verlag Walter Podszun
Elisabethstrasse 23–25, D-59929 Brilon
eMail: podszun.Verlag@t-online.de
Herstellung Druckhaus Cramer, Greven
ISBN 3-86133-190-X

Walter Sack

Güldner
Traktoren & Motoren

PODSZUN

EIN PAAR ZEILEN ZU MEINER PERSON

Jahrgang 55, Vater arbeitete als Schlosser und betrieb nebenher eine Feierabend-Landwirtschaft. Mit 5 Jahren ergriff mich schon das Traktorenfieber in der Form, daß ich mir auf einer Regional-Ausstellung einen Hanomag R 45 näher betrachtete und vor lauter Begeisterung darüber vergaß, meinen Vater zu informieren. Die dadurch ausgelöste Suchaktion löste beträchtlichen Wirbel in der Familie aus, aber eine Nachbarfamilie hat mich wieder eingefangen und meinem Vater übergeben. Mit 7 Jahren kam dann der erste persönliche Kontakt mit einem Traktor. Ein Allgaier AP 17 wurde angeschafft. 1967 gab man die Landwirtschaft auf und der direkte Kontakt zu ihr ging verloren.

Im strukturschwachen Main-Tauber-Kreis begann ich dann 1970 eine Lehre bei der Post, die mich 1973 nach Stuttgart verschlug. Zufällig kam ich 1981 in den Trubel eines Oldtimer-Traktorentreffens und fing Feuer. Nach anfänglichem Interesse an den herrlich knallenden Glühköpfen ergriff mich wieder meine alte Begeisterung für die Marke Hanomag. Dies führte schließlich 1990 zu meinem ersten Buch über Hanomag. Nachdem dies recht gut angekam, faßte ich den Entschluß, weitere Bücher über den Schlepperbau in Deutschland zu machen. So kam dann 1991 das Fahr/Güldner-Buch, 1993 folgte das Kramer-Buch und 1996 mit geändertem Konzept das Buch über Eicher.

LITERATUR-QUELLEN

Die landtechnische Zeitung (dlz), Eilbote, Landmaschinen Rundschau, Landmaschinen Fachbetrieb, Landtechnik, Schlepper Gerät und Zubehör, Schlepper und Landmaschine, Technik für Bauern und Gärtner, Technik und Landwirtschaft.

HERZLICHEN DANK

für die Mithilfe zu diesem Buch bedanke ich mich recht herzlich bei folgenden Personen, Institutionen und Firmen: Herrn Hinrich Duggen, Wankendorf; Universität Hohenheim, Institut für Agrartechnik, Fa. Linde AG, Wiesbaden, Bereich Öffentlichkeitsarbeit; Fa. Linde AG, Aschaffenburg; Robert-Bosch GmbH, Firmenarchiv, Stuttgart.

April 1998
WALTER SACK

G 30 und G 45 bei der Futterrübenernte 1997

AFN, dessen Besitzer ihn nicht missen möchte

Inhalt

Hugo Güldner

Hugo Güldner gehörte zu den besten Motorenkonstruteuren seiner Zeit. Er wurde am 18. Juli 1866 in Herdecke in Westfalen geboren. Im Alter von drei Jahren verlor er seinen Vater, der Bahnbediensteter war, durch einen Unfall. Seine Mutter sorgte dafür, daß er die höhere Fachschule in Hagen besuchen konnte. Über die ersten Jahre seiner Ingeneurtätigkeit konnte nichts ermittelt werden. Mitte der neunziger Jahre des vorigen Jahrhunderts finden wir ihn als Zivil-Ingeneur in Magdeburg wieder. Seinen journalistischen Neigungen entsprechend hatte er nebenher die Redaktion der Zeitschrift „Der Monteur" übernommen.

Während dieser Magdeburger Zeit beschäftigte er sich, wie verschiedene Patentanmeldungen und Gebrauchsmuster beweisen, sehr eingehend mit Verbrennungsmotoren.

Geheimrat Dr. Ing. h. c. Hugo Güldner 54jährig im Jahr 1920

Da er selber keine Möglichkeit hatte, Motoren zu bauen und seine Neuerungen selber zu erproben, bot er seine Erfindungen verschiedenen Firmen an, die sich bis dahin noch nicht mit dem Bau von Motoren beschäftigt hatten. So kam am 9. Juni 1894 ein Lizenzvertrag mit der Firma Schuhmann & Küchler in Erfurt zustande, die das Recht erhielt, seine Motoren zu bauen und in ganz Deutschland zu verkaufen. Das diesem Vertrag zugrunde liegende DRP mit der Nr. 76 068 lautete: „Zweitakt-Gasluft-Motor mit Verbrennung des Zündgemisches in besonderem Raume und Einführung der heißen Gase in den luftgefüllten Arbeits-Zylinder".

Anscheinend nahm diese Firma recht schnell wieder von ihrem vertraglich zugesicherten Rücktrittsrecht Gebrauch, denn schon ein Jahr später schloß Güldner am 15. Juni 1895 praktisch den gleichen Vertrag mit der Firma H. Haas & Co in Magdeburg ab. Doch auch bei dieser Firma zeigte man wenig Interesse am Motorenbau. So sollten nur Motoren gebaut werden, wenn andere Abteilungen nicht ausgelastet werden konnten.

1897 entschloß sich Güldner, den Bau von Motoren selbst in die Hand zu nehmen. Als Geldgeber konnte er den Berliner Kaufmann Lüdecke von seinem Vorhaben überzeugen. Er selbst steuerte nicht weniger als 12 Patente und Gebrauchsmuster von seinen Zweitakt-Motoren als Grundlage bei. Der Gründungsvertrag der Firma Lüdecke und Güldner, Maschinenfabrik, Magdeburg, die in gepachteten Räumen einer ehemaligen Eisengießerei einzog, stammt vom 11. Februar 1897. Weitere Angaben zu diesem Unternehmen fehlen, aber durch einen Zusatzvertrag vom 1. Oktober 1897, in dem Hugo Güldner auf gewisse Vorrechte, die man ihm mit dem Gründungsvertrag zusicher-

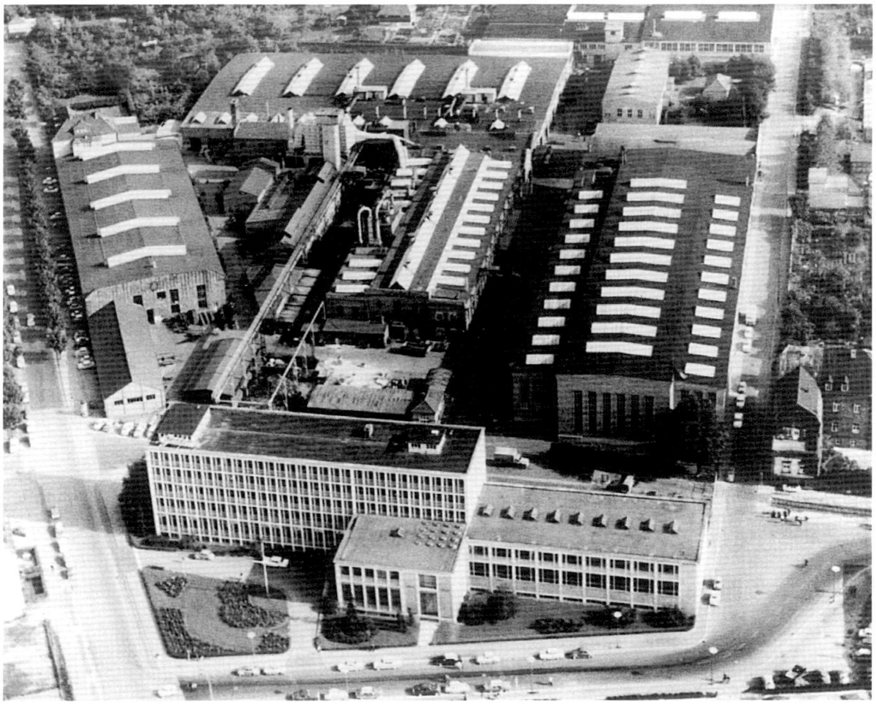

Güldner Aschaffenburg

te, verzichtete, weiß man, daß sich der Betrieb bereits in der Liquidation befand. Wann er endgültig aufgelöst wurde ist nicht bekannt. Außer der Lieferung eines Motors für eine Lokomobile konnten keine weiteren Angaben über die Stückzahl der hergestellten Motoren gefunden werden.

Von Magdeburg aus ging Hugo Güldner als Oberingeneur und Leiter der Motorenabteilung nach Kaiserslautern zur Maschinenfabrik Gbr. Pfeiffer, die den Acroyd-Motor in Lizenz baute. Nachdem aber dort der Motorenbau wegen Patentstreitigkeiten aufgegeben werden mußte, ließ sich Hugo Güldner von Rudolf Diesel als Oberingeneur und Chef-Konstrukteur bei der „Allgemeinen Gesellschaft für Dieselmotoren AG" in Augsburg anstellen und siedelte am 1. Januar 1899 nach Augsburg über. Hier konstruierte er aufgrund seiner langjährigen Erfahrungen auf dem Zweitaktgebiet u. a. den ersten Zweitakt-Dieselmotor, der gleichzeitig der erste liegende Dieselmotor war.

Da die Arbeiten der Konstruktionsabteilung wenig erfolgreich waren und auch der Zweitaktmotor den Erwartungen nicht gerecht wurde, wurde die ganze Abteilung auf Antrag des Generaldirektors der MAN, Heinrich von Buz, im Herbst 1901 aufgelöst. Auch Güldner mußte am 1. Oktober 1901 die „Allgemeine" verlassen und widmete sich theoretischen Arbeiten. 1903 erschien sein Buch „Entwerfen und Berechnen von Verbrennungskraftmaschinen", das, auch in andere Sprachen übersetzt, fast zwei Jahrzehnte lang das Standardwerk im Motorenbau war.

Nach Beendigung dieser Arbeit wandte sich Güldner wieder dem Motorenbau zu. Aufgrund seiner Erfahrungen die er bei der Firma Gbr. Pfeiffer und bei Rudolf Diesel erworben hatte, entwickelte er 1903 einen Gasmotor, von dem er sich viele Einzelheiten patentrechtlich schützen ließ. Weiterhin entwickelte er eine Generatoranlage, wie sie schon 1900 von Benz und 1901 von Deutz erfolgreich angeboten wurde. Für diese Entwürfe, der Motor war übrigens nun ein Viertakter, suchte er, wie schon 1895 für den Zweitakt-Motor, wieder eine Firma die ihn baute. Am 24. Februar 1903 wandte er sich an die „Maschinengesellschaft München", die sich sofort bereit erklärte, den Bau seines Motors und seines Generators zu übernehmen.

Um die Entwicklung dieser Motoren besonders zu fördern und Anlaufschwierigkeiten von vornherein auszuschalten, stellte die Maschinengesellschaft München Hugo Güldner ab 1. April 1903 als Oberingeneur ein und übertrug ihm die technische Leitung des gesamten Werkes.

Schon im Herbst war der Motor und die Generatoranlage fertiggestellt, so daß sie durch Professor Schröter von der Technischen Hochschule München geprüft werden konnte. Da der Motor dabei sehr gut beurteilt wurde, setzte sich Hugo Güldner mit einigen namhaften Industriellen in Verbindung und erreichte, daß diese mit ihm zusammen die „Güldner-Motoren-Gesellschaft" gründeten. Die Gründung erfolgte am 15. Februar 1904 in München als GmbH. Mit einer Vereinbarung vom gleichen Tag hatte sich die Maschinenbaugesellschaft München mit dieser Gründung einverstanden erklärt. Außerdem erlaubte sie Hugo Güldner, zusätzlich als Geschäftsführer der neuen Gesellschaft zu fungieren. Von der Gründung an bis zu seinem Tod im Jahre 1926 blieb Hugo Güldner Leiter dieses Werkes. Er starb am 12. März an den Folgen einer schweren Operation in Aschaffenburg, noch nicht 60 Jahre alt.

Von den zahlreichen Ehrungen die Güldner zu Teil wurden, sei besonders seine Ernennung zum Ehrendoktor der Technischen Hochschule Karlsruhe im Jahre 1914 angeführt. Im gleichen Jahr wurde er auch zum Königlich Bayerischen Kommerzienrat ernannt, dem im Jahre 1924 die Ernennung zum Geheimen Kommerzienrat folgte.

Güldner Motoren-Gesellschaft

Der Güldner'sche Motor nimmt bezüglich Brennstoffausnützung und Leistungsfähigkeit einen ersten Platz unter den gegenwärtig besten Gasmotoren-Konstruktionen ein und erscheint wegen der schönen Lösung der Steuerungs- und Regulierungskonstruktion auch für größere Ausführungen als sehr konkurrenzfähig.

Aufgrund dieses positiven Urteils Professor Schröters von der Technischen Hochschule München, entschloß sich Hugo Güldner am 15. Februar 1904 in München zur Gründung der „Güldner-Motoren-Gesellschaft" als GmbH. Die Gründungsmitglieder waren Kommerzienrat Dr. Georg Krause, Ing. und Direktor Hugo Güldner, Direktor a.D. Viktor Krüzner, Professor Carl von Linde, München und Rechtsanwalt Dr. Fritz May (alle aus München) sowie Kommerzienrat Fabrik- und Gutsbesitzer Otto Steinbeis aus Brandenburg.

Das Gründungskapital betrug 250 000 Mark, wobei die von Güldner eingebrachten Patente mit 50 000 Mark bewertet wurden und die fünf Gründungsmitglieder je 40 000 Mark zeichneten. Der Zweck des Unternehmens war die Ausnützung der Patente und Gebrauchsmuster, die Güldner 1903 auf seinen Viertakt-Motor und seinen Generator eingereicht hatte.

Es ist interessant, daß zunächst nicht daran gedacht war, die Motoren selbst herzustellen. Vorgesehen war vielmehr, daß die Maschinenbaugesellschaft München, die schon über einen entsprechenden Werkzeugmaschinenpark verfügte, Lizenzen für den Motor nehmen sollte. Bedingt war dieser Entschluß durch die bereits bestehende enge Verbindung zwischen der Maschinenbaugesellschaft München und Hugo Güldner und außerdem dadurch, daß zwei leitende Persönlichkeiten dieser Gesellschaft Gründungsmitglieder der Güldner-Motoren-Gesellschaft waren.

Mit einer Vereinbarung vom gleichen Tag hatte sich die Maschinenbaugesellschaft München mit dieser Gründung einverstanden erklärt und auch genehmigt, daß Güldner trotz-

Werk II in Nilkheim

Vielspindelbohrwerk. In einer Aufspannung werden zwei Motorengehäuse bearbeitet

Schlepper-Montageband im Werk II

Motorenbau in fen fünfziger Jahren Stadtarchiv Aschaffenburg

dem er Geschäftsführer der neuen Gesellschaft werden sollte, weiterhin technischer Leiter der Maschinenbaugesellschaft München blieb. Vorgesehen war der Bau von sechs Motoren zwischen 75 und 200 PS.

Bald zeigte sich jedoch, daß die Maschinenbaugesellschaft München nicht in der Lage war, so viele neue Motoren herzustellen. Auch konnte sie finanziell nicht den Anforderungen gerecht werden. Die Güldner-Motoren-Gesellschaft mußte sich deshalb schon nach einem Jahr, wie aus einem Vertrag vom 26. Juni 1905 hervorgeht, dazu entschließen, selber moderne Werkzeugmaschinen zu kaufen und sie der Lizenznehmerin zur Verfügung zu stellen. Weil auch dadurch noch keine wesentliche Besserung der Verhältnisse erreicht wurde, mußte nur wenige Monate später die Güldner-Motoren-Gesellschaft den gesamten Betrieb der Maschinenbaugesellschaft München pachten und die Motoren in eigener Regie herstellen. Der entsprechende Vertrag wurde am 5. August 1905 abgeschlossen. Selbstverständlich war das keine befriedigende Lösung für ein aufstrebendes Werk. Hinzu kam, daß sich die Erzeugung in dem gepachteten Betrieb um so schwieriger gestaltete, je mehr der Absatz zunahm.

Schon Anfang 1906 wurde der Bau eines neuen zeitgemäß errichteten Werkes in München beschlossen. München war zwar damals schon die bayrische Metropole, aber von seiner geographischen Lage her nicht der optimale Standort für eine Fabrik, die für ihren Versand die billigen Wasserwege zu nutzen gedachte. Auf Anregung Carl Lindes gelang es Güldner sehr rasch, in Aschaffenburg ein geeignetes Gelände von 19000 m^2 zu finden. Am 21. April 1906 wurde durch eine Generalversammlung der Verkaufsabschluß genehmigt und anschließend mit dem Bau der Fabrik begonnen.

Von München nach Aschaffenburg

Zu der Entscheidung für die Betriebsverlegung gehörte Mut zum Risiko und zusätzliche Energie, die mit dem Standortwechsel verbundenen Betriebsstörungen zu überwinden. Vor allem die personellen Probleme machten Hugo Güldner in den ersten Aschaffenburger Jahren zu schaffen. Im September 1907 wurde die neue Eisengießerei und Schmiede in Betrieb genommen, im Monat darauf zog die Verwaltung nach Aschaffenburg und Anfang 1908 war die Verlegung in die rund 7 500 m² überdeckenden Neubauten abgeschlossen. Es sei noch angeführt, daß schon am 1. Juli 1909 das Fabrikgelände durch Zukauf von 11 000 m² erweitert werden konnte. Ein eingearbeiteter Personalstamm konnte erst in den folgenden Jahren zusammengebracht werden, weil von den 200 in München beschäftigten Arbeitern nur 30 in Aschaffenburg übernommen worden waren. Von den Angestellten folgten die Techniker vollzählig, die Kaufleute nur zum Teil. Im Jahr 1914 waren in Aschaffenburg rund 300 Angestellte und Arbeiter beschäftigt.

Mit Beginn des 1. Weltkriegs mußte die Motorenproduktion eingestellt werden. Über die Hälfte der Belegschaft wurde zum Militärdienst eingezogen. Ab Oktober 1914 erfolgte die vollständige Umstellung des Betriebs auf Kriegsproduktion. Es wurden jetzt Graugußgeschosse, Kraftwagen- und Flugzeugmotoren in Lizenz gefertigt. Hierzu mußte eine Serienfertigung mit entsprechenden Spezialeinrichtungen aufgenommen werden, um die verlangte Austauschbarkeit der dem Verschleiß unterliegenden Motorenteile zu sichern. Die hier gesammelten Erfahrungen und Erkenntnisse wurden nach Kriegsende bei der Entwicklung neuer Motorentypen verwertet und der Werkzeugmaschinenpark durch modernere Maschinen ersetzt und erweitert.

Die Belegschaft stieg langsam wieder an, unter der sich infolge des Kriegs auch zum ersten Mal Arbeiterinnen befanden, und erreichte im Oktober 1918 über 500 Mitarbeiter.

Im Frühjahr 1918 beteiligte sich die Gesellschaft an der Moorkultur-Kraftpflug-GmbH Berlin. Güldner erhielt dadurch das alleinige Lieferungsrecht für die von dieser Gesellschaft benötigten Pflugmotoren. So konnte, als die Kriegsproduktion auslief, in der bisherigen Flugzeugmotoren-Halle mit dem Bau von Pflugmotoren begonnen werden. Instandsetzungsarbeiten an Lokomotiven, Waggons und Mainschiffen kamen hinzu.

Nach 1918 setzten auch die Bemühungen ein, einen kompressorlosen und damit wesentlich einfacheren Dieselmotor mit Lufteinspritzung zu entwickeln. Nach anfänglichen Schwierigkeiten konnte man den Motor betriebsfest konstruieren und Güldner stellte ein neues Programm für kompressorlose Dieselmaschinen in Ein- bis Sechszylinder-Ausführung, mit Leistungen von 60 bis 600 PS, auf. Durch weitere Verbesserungen wurden für den Antrieb von Maschinen und Generatoren besonders geeignete Typen geschaffen, die, mit direkter Umsteuerung geliefert, auch in Schiffen Verwendung fanden und insbesondere bei der Binnenschiffahrt großem Interesse begegneten.

In den Jahren zwischen den beiden Kriegen wurde das Werk weiter ausgebaut. Das Stammkapital betrug Ende 1922 9 Millionen Mark. Größter Gesellschafter war Linde.

Nach der Übernahme der Güldner-Motoren-Gesellschaft durch die „Gesellschaft für Linde's Eismaschinen" im Jahr 1929 wurde der Schwerpunkt des Programms auf neue Produkte gelegt. Der starke Rückgang des Großmotorengeschäfts in den dreißiger Jahren und der gleichzeitig steigende Bedarf an Kleinmotoren veranlaßten die Werksleitung 1931 dazu, die Fertigung von Kleindieselmotoren aufzunehmen. Insbesondere hierfür wurde 1935 eine neue Werkshalle eingerichtet und mit Werkzeugmaschinen ausgestattet, die eine Monatsproduktion von 400 Motoren verschiedener Bauart und Größe mit Leistungen bis zu 120 PS im Serienbau ermöglichten.

Ab etwa 1934 begannen die Entwicklungsarbeiten an einem Ackerschlepper. Als Kraftquelle hatte man den Vierzylinder-Güldner-Motor T 40 vorgesehen. Der Ackerschlepper glich dem Fordson-Schlepper, von dem vermutlich auch das Getriebe übernommen wurde. Warum diesem mit T 40 bezeichneten Traktor kein Erfolg beschieden war, läßt sich im Nachhinein nicht mehr klären. Auf jeden Fall kam er über das Prototypenstadium nicht hinaus.

Erst ab 1938 versuchte man sich, jetzt mit mehr Erfolg, wieder im Schlepperbau. Daneben lief die Großmotorenfertigung weiter, die aber bei Ausbruch des zweiten Weltkrieges eingeschränkt werden mußte und in den Jahren bis 1944 ganz zum Erliegen kam. Auch die Fertigung von Dieselmotoren für Ackerschlepper mußte im Verlauf des Krieges durch eine Fertigung für Holzgasmotoren ersetzt werden.

Zur gleichen Zeit wie bei Güldner begann auch bei Deuliewag in Berlin die Entwicklung eines Acker- bzw. Straßenschleppers. Mit Beginn des 2. Weltkrieges und der damit verbundenen Typenbeschränkung war bei Deuliewag der Traktoren- und Zugmaschinenbau nicht mehr vorgesehen. Deshalb war man mit Güldner eine Fertigungsgemeinschaft eingegangen. So wurde nur noch ein Schlepper gebaut, den beide Firmen anboten.

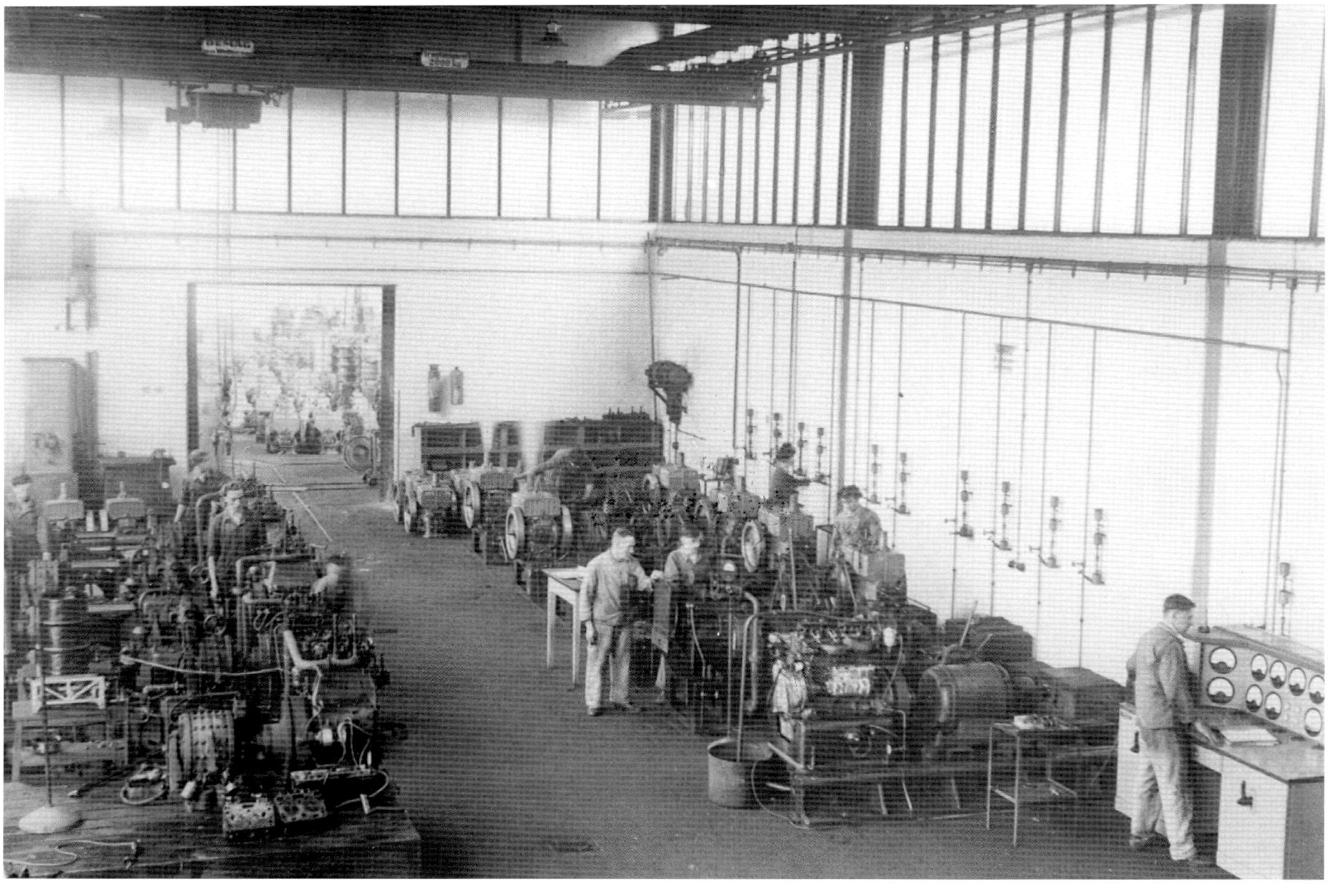

Motorenprüfstände der fünziger Jahre Stadtarchiv Aschaffenburg

Durch Fliegerangriffe, besonders während der letzten Kriegsmonate, wurden die Werkshallen zu 70 Prozent zerstört und eine Weiterarbeit unmöglich gemacht. Man entschloß sich, einen Teil des Werkes, insbesondere die inzwischen aufgenommene Holzgasmotorenfertigung, nach Gottmadingen zu verlagern, da die Hauptabnehmer dieser Motoren im Süden von Baden und Bayern ihren Sitz hatten.

Im Sommer 1945 wurde mit der Instandsetzung und dem Wiederaufbau des Werkes begonnen und 1946 war es bereits möglich, die Dieselmotorenfertigung in Gang zu setzen. Die seinerzeit nach Gottmadingen überführten Werkzeugmaschinen und Einrichtungen, soweit sie nicht dort von der Besatzungsmacht beschlagnahmt worden waren, wurden zurückgeholt. Anschließend wurde die Fertigung eines 28-PS-Dieselackerschleppers in Angriff genommen. Mitte 1947 konnten die ersten Schlepper das Werk verlassen.

Ab 1952 begann die Entwicklung von luftgekühlten Motoren, die man ab 1954 in Schlepper einbaute.

Die steigende Nachfrage nach Güldner Erzeugnissen verlangte dringend nach weiteren Fertigungsräumen. Das 1957 in Betrieb genommene moderne Fahrzeugwerk in Aschaffenburg-Nilkheim wurde 1959 erweitert und im Juni des gleichen Jahres standen 40 Prozent mehr Hallenfläche zur Verfügung. So konnte die Fahrzeugmontage ausgeweitet werden und das Zentralersatzteillager bezog einen großen, lichten Hallenteil, der mit modernsten Lagereinrichtungen ausgestattet worden war.

Güldners Erfolge auf dem Motoren- und Schleppermarkt bedingten eine ständige Zunahme der Belegschaft. Anfang 1956 zählte das Werk rund 1 600 Beschäftigte. Dieser Zunahme entsprechend waren auch die Bauvorhaben von Privatwohnungen angestiegen und man plante eine neue Wohnsiedlung mit 31 Einfamilienhäusern. Der Bau dieser Wohnhäuser wurde durch die Linde-Wohnungsbau-Gesellschaft vorfinanziert. Die Interessenten unter der Belegschaft hatten die Möglichkeit, durch ein günstiges Zahlungssystem das von ihnen bewohnte Einfamilienhaus, jederzeit zu erwerben.

Zusammenarbeit Fahr-Güldner

Am 20. Juni 1958 wurde die zweijährige lose Zusammenarbeit von Fahr und Güldner durch einen Vertrag endgültig besiegelt. Dieser Vertrag, der erst am 2. Mai 1959 anläßlich der DLG-Ausstellung in Frankfurt der Presse bekanntgegeben wurde, beinhaltete, daß die Schlepperfertigung einander angeglichen und aufgeteilt wurde (gleiche Typen mit verschiedenen Bezeichnungen). Ziel war die Verringerung und Bereinigung des Typenprogramms. Durch die daraus entstandenen Rationalisierungsvorteile wollten sich beide Firmen in die Lage versetzten, den zu erwartenden Anforderungen des Europäischen Marktes und des Kunden- und Ersatzteildienstes in weitem Umfang gerecht zu werden. Der Vertrag hatte keinerlei Auswirkungen auf die Vertriebsorganisationen beider Unternehmen.

Die Wende kam 1961. Bei Fahr hatte Deutz einen Aktienanteil von 25 Prozent übernommen. Weil Deutz selbst Schlepper herstellte, war eine weitere Zusammenarbeit mit Güldner nicht mehr interessant. Die Schlepper der Europareihe von Fahr, die bei Güldner gefertigt wurden, liefen aus. Allein der Typ A 3 KT/Burgund T, der bisher in Gottmadingen gefertigt wurde, lief nun in Aschaffenburg vom Band. Somit war die Zusammenarbeit beider Firmen beendet.

Aufgrund der 1962 neu eingeführten G-Reihe konnte Güldner bis Mitte 1963 seinen Anteil am deutschen Schleppermarkt trotz rückläufiger Gesamtentwicklung steigern. Durch den Gewinn von neuen Händlern wurde die Vertriebs- und Kundendienst-Organisation ausgebaut und die Stellung auf dem Scheppermarkt weiter gefestigt. 1963 weiteten sich die Inlandsverkäufe um 21 Prozent und in den ersten vier Monaten 1964 sogar um 35 Prozent gegenüber den entsprechenden Vorjahreszeiträumen aus.

Die konsequente Verwirklichung einer echten Baureihe mit über 80 Prozent Gleichteilen bot der Land- und Forstwirtschaft und dem Fachhandel in Qualität, Ausstattung, Kundendienst und Ersatzteilversorgung große Vorteile.

Mitte 1965 änderte die Gesellschaft für Linde's Eismaschinen AG aus Vereinfachungsgründen ihren Firmennamen in Linde AG. Mithin ergab sich auch eine entsprechende Änderung bei den einzelnen Niederlassungen, zu denen u. a. die Güldner-Motoren-Werke Aschaffenburg zählten. Nachdem man gleichzeitig anstelle der Bezeichnung „Niederlassung" die Bezeichnung, „Werksgruppe", einführte, wurde das Unternehmen ab diesem Zeitpunkt unter dem Namen „Linde AG, Werksgruppe Güldner, Aschaffenburg" geführt.

Im April 1969 informierte die Linde AG die Presse, daß Güldner bis zum Sommer des Jahres die Produk-

Teilefertigung für den Motorenbau

Stadtarchiv Aschaffenburg

Endkontrolle im Schlepperbau Stadtarchiv Aschaffenburg

tion von Güldner-Dieselmotoren und Schleppern einstellen und sich künftig in ihrer Werksgruppe Güldner Aschaffenburg ganz auf ihre stark expandierenden Sparten Hydraulik und Flurförderzeuge konzentrieren will.

Die Ergebnisse des Traktorengeschäftes waren schon seit einiger Zeit wenig befriedigend. Weil die Nachfrage nach Traktoren infolge von Strukturänderungen in der Landwirtschaft der EWG-Länder stagnierte, waren die Fertigungskapazitäten für diesen Markt zu groß. Der Preiswettbewerb wurde schärfer, das Verhältnis von Kosten und Erlösen verschlechterte sich zunehmend. Aus diesem Grund hielt es die Linde AG, obwohl man mit 5,5 Prozent Marktanteil (3254 Traktoren) im Jahr 1968 im Inland auf dem 7. Platz lag, nicht mehr für vertretbar, das Traktoren- und Motorengeschäft weiterzuführen. Es soll in Erwägung gezogen worden sein, Deutz-Motoren in die Güldner-Schlepper einzubauen, denn Deutz stellte seine Motoren um einige 1000 DM billiger her, aber dazu kam dann noch, daß bei ZP die Herstellung von Getrieben unter der Leistungsklasse von 80 PS eingestellt wurde. Somit hatte Güldner das Problem, zum Deutz-Motor auch noch ein unbekanntes Getriebe einbauen zu müssen. Dieser Kombination traute man keine großen Marktchancen zu. So wurde bei Güldner die Schlepperproduktion 1969 eingestellt. Die Garantieverpflichtungen und die Kundendienst- und Ersatzteil-Versorgung übernahm KHD in Köln.

Dies war für Güldner nicht weiter tragisch, benötigte man doch gute Produktionsstätten und Personal für den aufstrebenden Markt an ölhydraulischen Geräten. Allein für das Jahr 1969 wurden Investitionen in Höhe von über 100 Millionen DM zum weiteren Ausbau dieser Arbeitsgebiete in Aschaffenburg vorgesehen.

Ab 1974 übernahm die Werksgruppe Güldner von den zum Linde-Konzern gehörenden Matra-Werken in Frankfurt, deren Werk Kahl als weiteren Fertigungsbetrieb. In diesem Werk wurden die Fertigung von Teilen für das Hydraulik- und Staplerprogramm und die im Werk II Aschaffenburg-Nilkheim untergebrachte Ersatzteilversorgung neu formiert. Dazu gehörten das komplette Ersatzteillager mit Hydraulik- und Flurförderzeuge-Teilen und Baugruppen, die Reparaturwerkstatt und die kaufmännische und technische Abwicklung einschließlich des Versandes für Ersatzteile, Reparatur- und Austauscheinheiten. Damit bestand die Werksgruppe Güldner Aschaffenburg aus dem Werk I in Aschaffenburg, dem Werk II in Aschaffenburg-Nilkheim, dem Werk Kahl sowie dem im Jahre 1970 von der Rheinstahl AG erworbenen Werk Mühlheim/Ruhr.

Am Ende der historischen Übersicht sei noch bemerkt, daß die Firmenbezeichnung Güldner 1991 aus dem Handelsregister gestrichen wurde. Das Werk in Aschaffenburg nennt sich nun: Linde AG, Werksgruppe Flurförderzeuge und Hydraulik.

Vom Langsamläufer zum Schnelläufer

Die Lehrjahre 1895 bis 1904

Der erste Motor, den Güldner entwickelte, war, wie bereits ausgeführt, ein Zweitaktmotor, der ab 1895 von der Firma H. Haas & Co. in Magdeburg gebaut wurde. Grundlage der Lizenenznahme war das deutsche Patent Nr. 76 068, das einen ungekühlten Zweitaktmotor mit Stufenkolben unter Schutz stellte. Das Arbeitsverfahren war, wie aus der Patentbeschreibung hervorgeht so, daß der kleinere Kolben Luft und Gas ansaugte. Erst beim Aufwärtsgang wurde das Gemisch durch ein Ventil im Kolbenboden des kleineren Kolbens in das Innere desselben und durch große Öffnungen, die sich in seinem Kolbenhemd befanden, in den Raum über den zweiten größeren Kolben gedrückt. Laut Patentbeschreibung sollte sich darin in diesem Augenblick frische Luft befinden. Kurz vor dem oberen Totpunkt wurde der Teil des Gemischs, das sich noch im Hohlraum des kleineren Kolbens befand, entzündet. Die Flamme konnte dann durch die großen Öffnungen in den Hauptverbrennungsraum gelangen und den dort befindlichen Gemischteil entzünden. Der Auspuffschlitz wurde durch den großen Kolben gesteuert.

Güldner ist bei diesem Patent aber ein Fehler unterlaufen. Er glaubte, in den Zylinderraum des großen Kolbens würde frische Luft gelangen, die zur Verbrennung herangezogen werden könnte. Das war nicht der Fall, da ja die Verbrennungsluft ausschließlich durch das Ventil im Kolbenboden des kleineren Kolbens in den Raum des größeren gelangen konnte. In letzterem befand sich bei Beginn der Verbrennung also nur Abgas. Selbstverständlich war es leicht möglich, die Kurbelkammer als Pumpe zu benutzen und mittels Überströmschlitzen den Raum des großen Kolbens auszuspülen und mit Frischluft zu füllen. Im Patent ist aber keine Rede davon.

Güldner hat, wie Abbildungen eines solchen Zweitaktmotors beweisen, seinen Motor dann auch so gebaut. Der aufgrund der Stufenkolbenbauart sehr lange Zylinder war am Kurbelgehäuse, das zweifelsfrei als Spülpumpe wirkte, angeflanscht. Er wurde außerdem, nachdem er in einen Führungsring des Gestells hineingeschoben worden war, in diesem Ring gelagert. Man erkennt, daß der Motor keine Wasserkühlung hatte, Güldner hatte dann allerdings, um die Temperaturen des Zylinderkopfs niedrig zu halten, diesen mit vier großen Stahlrippen zum Abstrahlen der Wärme versehen.

Von den Motoren war einer ein Gasmotor, der andere ein Benzinmotor. Aus dem Fehlen einer brauchbaren Kühlung und aus der Tatsache, daß sogar die eigene Fabrikgründung, die 1897 zur Fertigung dieses Motors erfolgte, sehr bald wieder aufgelöst werden mußte, kann gefolgert werden, daß der Motor wenig betriebstüchtig war.

Während seiner Tätigkeit bei der Allgemeinen-Dieselmotoren-Gesellschaft in Augsburg konstruierte Güldner den ersten liegenden Zweitakt-Dieselmotor. Grund für seine Entwicklung war der Wunsch, für eine bestimmte Zylindergröße mehr Leistung aus einem Dieselmotor herauszuholen. Da die Drehzahl wegen der Schwierigkeit der Gemischbildung nicht ohne weiteres erhöht werden konnte, schien das Zweitaktverfahren eine brauchbare Lösung dafür zu sein.

Bei den bisherigen Zweitaktmotoren war es üblich, die Unterseite des Arbeitskolbens als Spülgebläse zu verwenden. Um den Kolben zu entlasten bildete Güldner jedoch den Kreuzkopf als Kolben aus und be-

Einzylinder Gasmotor, Versuchsmotor von 1903, Typ G

Einzylinder Gasmotor, Typ D

nutzte diesen als Spülpumpe. Es ergab sich dadurch der große Vorteil, daß man es durch die Wahl des Kreuzkopfdurchmessers leicht in der Hand hatte, beliebige Luftüberschußzahlen zu erreichen bzw. den Spülmittelaufwand frei zu wählen. Eine weitere, sehr ansprechende Neuerung bei diesem Zweitakt-Dieselmotor war, daß Güldner in sehr geschickter Weise die von der Spülpumpe geförderte Luftmenge gleichzeitig auch für die Einblaseluft benutzte. Die für beide Zwecke verschiedenen Enddrücke erreichte er dadurch, daß er etwa 9/10 der Luftmenge durch Schlitze und Ventile in einen Zwischenaufnehmer förderte, der vom hohlen Rahmenfuß gebildet wurde. Die Größe dieses Aufnehmers war maßgebend für den erreichten Spüldruck: Das restliche Zehntel wurde auf etwa 5 atü weiter verdichtet und dem Einblaseluftkompressor zugeleitet. Hier wurde diese Luft in einer einzigen Stufe auf 45 atü weiterverdichtet. Der Einblaslufkompressor war demnach nur einstufig, was zweifellos eine Vereinfachung bedeutete.

Der Motor hatte einen Arbeitskolbendurchmesser von 175 mm, einen Kolbenhub von 210 mm und eine Drehzahl von 210 U/min. Das Hubvolumen der Spülpumpe war damit um 12 Prozent größer als das des Arbeitszylinders. Die Verwendung von Spülluft auch für die Einblaseluft ließ sich Güldner schützen. Das Patent wurde am 30. Mai 1899 eingereicht und erhielt die Nr. 124 148. Der Hauptanspruch lautete: „Im Zweitakt arbeitende Gas- bzw. Petroleumkraftmaschine, dadurch gekennzeichnet, daß die von einer Ladepumpe geförderte Luftmenge in zwei von einander getrennten Behälter hinein verdichtet wird, um zwei verschieden hoch verdichtete Luftmengen zu erhalten, von denen die eine zum Auswaschen der Verbrennungsgase aus dem Arbeitszylinder, die andere zum Einspritzen des Brennstoffes in den Zylinder dient.“

Die Patentzeichnungen lassen sehr gut den Aufbau des Motors erkennen. Da er für den Einlaß von Kolben gesteuerte Schlitze und für den Auslaß Ventile im Zylinderkopf hatte, erfolgte die Spülung im Gleichstrom. Seine Arbeitsweise war so, daß beim Zurückgehen des Arbeitskolbens, d. h. gegen Ende des Expansionshubs, sich das in der Zylinderkopfmitte sitzende Auspuffventil öffnete und den Zylinderinhalt entspannte. Durch ein selbsttätig arbeitendes Einlaßventil und die Überströmschlitze wurde dann die Spülluft zugeführt, der Verbrennungsraum ausgespült und gefüllt.

Der Motor war verhältnismäßig kompliziert, denn er hatte z. B. außer den Spülschlitzen und den Schlitzen für die Kreuzkopfspülpumpe sowohl ein Auslaßventil als auch ein Einlaßventil. Dazu kamen das Ablaßventil und das Einspritzventil. Wenn auch Güldner versucht hatte, durch eine gemeinsame Steuerung des Anlaß- und des Kraftstoffventiles (er erhielt darauf das Patent Nr. 109 562 vom 30. Mai 1899), sowie durch die Anordnung des sehr einfachen einstufigen Einspritz-Luftkompressors den Motor zu vereinfachen, so reichte das jedoch nicht aus, um aus dem Motor eine wirklich billige Maschine zu machen. Hinzu kam, daß der Motor bei einer indizierten Leistung von 23 PS nur eine effektive Leistung von 11 PS abgab. Das war natürlich viel zu wenig. Selbstverständlich wurde dadurch auch der Kraftstoffverbrauch sehr hoch und betrug bis zu 300 g/PSh. Anstatt einer Leistungssteigerung gegenüber gleichgroßen Viertaktmotoren, hatte dieser erste Zweitakt-Dieselmotor demnach einen starken Leistungsabfall gebracht. Hinzu kam, daß es auch nicht gelang, ihn betriebsfest zu gestalten. Güldner berichtete darüber in einem Rundschreiben, das er zwecks Aufklärung am 5. Dezember 1910 an seine Vertretungen sandte. Er führte hier folgende Schwierigkeiten an.

1. Das Dichthalten des Kolbens läßt sich bei liegenden Hochdruckmotoren auf die Dauer nicht erreichen.

a) weil der Kolben infolge seiner Schwerkraft exzentrisch in der Zylinderbohrung, d. h. auf der unteren Bohrungshälfte gleitet und diese einseitig einläuft

b) weil auch die Kolbenringe exzentrisch im Kolbenkörper sitzen, ungleichmäßig in der Zylinderbohrung anliegen und durch das von oben in die Ringsitze laufende Schmieröl leicht verkrusten und festbrennen konnten

c) weil das Schmieröl nicht gleichmäßig auf den Umfang der großen Kolben und Zylinderwandungen verteilt werden kann, sondern immer nur auf die untere Gleitfläche tropft und von da teils in den Verbrennungsraum, teils in den Kurbeltrog geschoben wird.

d) – besonders wichtig – weil alle Verunreinigungen des Verbrennungsraumes sich auf den empfindlichen unteren Gleitflächen der Zylinderbohrung niederschlagen, diese und den Kolben zerfressen und die Ringe festbacken.

2. Der Brennstoffverbrauch ist bei liegenden Ölmotoren erheblich größer als bei stehenden

a) weil die wärmetheoretisch sehr ungünstige Form der liegenden Verbrennungsräume, und die auch betriebstechnisch falsche Lage ihres Einspritzventils eine so vollkommene Ausnützung des Brennstoffes wie in guten stehenden Motoren nicht erreichen läßt

b) weil durch die unvermeidlichen Kolbenundichtheiten Arbeitsverluste entstehen und

c) weil auch die inneren Widerstände liegender Gleichdruck-Motoren größer sind

3. Der Aufbau der inneren Teile, besonders des Zylinderdeckels, Kolbens und Auslaßventils ist bei liegenden Motoren schwierig.

4. Die hohe Lage der Kurbelwelle vermindert die Standfestigkeit der liegenden Maschinen, läßt leicht gefährliche Erschütterungen in der Umgebung auftreten und erschwert die direkte Kupplung von Dynamomaschinen und dergleichen mit der Motorwelle.

Zweifellos ist diese Übersicht eine gute Darstellung der Schwierigkeiten, die bei der Entwicklung des ersten Zweitakt-Dieselmotors auftraten. Es ist daher verständlich, daß die MAN nur einen von diesen liegenden Zweitakt-Dieselmotoren baute.

Der Bau und Vertrieb dieser Motoren ging daraufhin an die Diesel-Engine Co. in London über. Wie viele jedoch von diesen ersten Zweitakt-Dieselmotoren dann in England gebaut wurden, konnte nicht mehr ermittelt werden.

Die Gas- und Benzin-Motoren von 1903 bis 1914

Grundlegend anders aufgebaut wie die bisher behandelten Motoren waren diejenigen, die Güldner nach Fertigstellung seiner literarischen Arbeiten im Jahr 1903 entwickelte. Es waren stehende kreuzkopflose Einzylinder-Viertakt-Motoren mit einem A-Gestell, ähnlich den Dieselmotoren der MAN Modell 1901. Sie wurden von der Güldner-Motoren-Gesellschaft mit Leistungen zwischen 20 und 100 PS in den Jahren 1904 bis 1907 in München gefertigt und bauten naturgemäß verhältnismäßig niedrig. Nach dem Gründungsprotokoll der Güldner-Motoren-Gesellschaft sollten folgende Patentanmeldungen und Gebrauchsmuster bei ihrem Aufbau Verwendung finden:

1. Das Deutsche Patent Nr. 146 234 vom 29. Januar 1903: Eine Explosionskraftmaschine

2. Das deutsche Gebrauchsmuster Nr. 206 950 vom 1. August 1903: Die Ausbildung eines Motorengestells

3. Die Patentanmeldung Nr. 178 091 vom 7. August 1903: Über eine Geschwindigkeitsregelung für Gasmaschinen

4. Das deutsche Gebrauchsmuster Nr. 208 407 vom 5. September 1903: Die konstruktive Ausbildung eines Zylinderkopfes.

Auf einer Grundplatte, in der die Kurbelwelle gelagert war, wurde das A-Gestell, das den Zylinder trug, aufgeschraubt. Die am oberen Teil des A-Gestells gelagerte Steuerwelle war vollständig gekapselt. Sie wurde

Zweizylinder Gasmotor, Typ RR

durch eine Königswelle über Schraubenräder und Kegelräder von der Kurbelwelle aus angetrieben. Am oberen Teil dieser Königswelle saß der Regler, der auf das Gasventil einwirkte. Über lange Stoßstangen wurden die Kipphebel für die Ein- und Auslaßventile gesteuert. Dadurch, daß Güldner die Nockenwelle im A-Gestell lagerte, gelang es ihm, die Stoßstangen sehr nahe an den Zylindermantel heranzubringen. Da sie außerdem parallel zu diesem lagen, war eine kompakte formschöne Konstruktion entstanden. Die ersten Motoren hatten eine Abreißzündung. Der Zünder war auf einer Konsole über der Nockenwelle gelagert und wurde von dieser aus betätigt.

Die wichtigste Neuerung war jedoch, daß Güldner damals schon den Verbrennungsraum mit Hilfe von stark überschnittenen Steuerzeiten ausspülte. Er benutzte dazu ein Gebläse, das er für den Betrieb seines Generators benötigte. Von diesem Gehäuse führte eine Leitung sowohl zum Generator als auch zum Motor. Das Ausspülen erfolgte dann so, daß – nachdem etwa 90 Prozent des Ausschub-Hubes zurückgelegt waren – sich das Einlaßventil bis zur Hälfte öffnete. Bei dieser Stellung war die Luftzufuhr ganz geöffnet, während die Gaszufuhr, die dieses Ventil auch steuerte, noch geschlossen war. Durch die Gebläseluft wurde der Verbrennungsraum ausgespült. Nach Schluß des Auslaßventils wurde das Einlaßventil ganz geöffnet und die Füllung des Motors mit Luft und Gas konnte erfolgen. Die Voreröffnung des Einlaßventils hatte noch den großen Vorteil, daß bei Beginn des Saughubes seine volle Öffnung sehr rasch erreicht wurde. Auf diese wirklich vorbildliche Lösung hatte Güldner das Patent Nr. 146 234 erhalten, dessen einziger Anspruch lautete: „Kraftgas und Motoranlage, bei welchen das zum Speisen des Gaserzeugers dienende Luftgebläse zugleich dazu benutzt wird, die entspannten Verbrennungsgase oder Abgasreste aus dem Motorzylinder auszutreiben."

Warum Güldner nicht auch einen Schutz auf die überschnittenen Steuerzeiten beantragte, konnte nicht ermittelt werden. Wenn auch Wilhelm Maybach Jahrzehnte zuvor ihre Verwendung vorschlug, so waren sie durch die zusätzliche Verwendung eines Gebläses durch Güldner trotzdem recht fortschrittlich. Es ist übrigens interessant, daß zum Beispiel die Daimler-Motoren-Gesellschaft erst nach 1909 mit überschnittenen Steuerzeiten arbeitete. Bei der Schnelläufigkeit der Daimler-Motoren wäre das viel notwendiger gewesen als bei den langsam laufenden Güldner-Motoren.

Der Versuchsmotor hatte Zylinderabmessungen von 250–400 mm. Bei einer Drehzahl von n = 210 U/min sollte der neue Güldner-Motor 20 PS leisten. Professor Schröter von der TH München, der ihn in der Zeit vom 23.–26. September 1903 prüfte, beurteilte ihn u.a. wie folgt:

a) Die Verbrennung im Güldner-Motor ist dank der sorgfältigen Durchbildung des Verbrennungsraumes und der zweckmäßigen Anordnung der Zündung so rasch, und wie die völlige Unsichtbarkeit der Abgase erweist, so vollständig, daß die Ausnützung der Wärme bzw. des Brennstoffes im Zylinder eine kaum noch steigerungsfähige Höhe gebracht erscheint;

b) infolgedessen erreichte auch der mittlere indizierte Kolbendruck während der Dauerversuche den für Gasmotoren ungewöhnlich günstigen Wert von über 7,8 kg/cm^3;

c) der Güldner'sche Motor nimmt bezüglich Brennstoffausnutzung und Leistungsfähigkeit einen ersten Platz unter den gegenwärtig besten Gasmotoren-Kontruktionen ein, und erscheint wegen der schönen Lösung der Steuerungs- und Regulierungskonstruktion auch für größere Ausführungen als sehr konkurrenzfähig.

d) kommt hierzu noch die bei späteren Ausführungen zu erwartende Werkstatterfahrung, so kann dem Motor ein durchschlagender Erfolg mit Bestimmtheit vorausgesagt werden.

Das war natürlich ein ganz ausgezeichnetes Urteil. Wir wissen, daß es wesentlich dazu beigetragen hat, daß im Februar 1904 die „Güldner-Motoren-Gesellschaft" gegründet wurde.

Die Güldner-Gasmotoren wurden sehr bald in allen gängigen Leistungen von 10–125 PS als Einzylinder und von 100 PS bis 250 PS als Zweizylinder geliefert. Alle waren schwere langsamlaufende Motoren mit Drehzahlen zwischen 150 und 240 U/min. Wieviel Motoren jeweils abgesetzt wurden, konnte nicht mehr geklärt werden.

Die wesentlichste Weiterentwicklung dieses Gasmotors war, daß Güldner etwa ab 1906 den Kühlwassermantel mit dem A-Gestell zusammen in einem Stück goß. Eine nasse Zylinderlaufbüchse war eingeschoben. Außerdem wurde der Aufbau der Ein- und Auslaßventile stark verändert, indem die Ventilfeder oberhalb der Kipphebel eingebaut wurde. Verhältnismäßig bald wurde auch eine neue Regelung eingeführt. Während bis dahin der Regler nur das Gasventil beeinflußte, wodurch eine Qualitätsregelung eintrat, veränderte die neue Regelung den Hub des Einlaßventiles, veränderte also die Quantität der angesaugten Gemischmenge. Dadurch wurde die Zündung, die bei einer geringen Belastung des Motors stets schwierig war, sehr erleichtert. Die neue Regelung erfolgte durch Verschieben eines Steines, wodurch der Wälzhebel, der das Einlaßventil betätigte, an verschiedenen Stellen unterstützt wurde. Die Folge war, daß das Einlaßventil mehr oder weniger hoch geöffnet wurde. Diese Regelung, die einwandfrei arbeitete, wurde recht lange beibehalten. Ab 1909 wurde auch die Kerzenzündung bei den Gas- und Benzinmotoren eingeführt.

Die für die Motoren für flüssige Kraftstoffe verwendeten Vergaser waren zunächst schwimmerlos. Durch eine konische Nadel konnte der Kraftstoffverbrauch eingestellt werden. Ein konisches gerändeltes Zwischenstück erreichte, daß der Kraftstoff brausenähnlich austreten konnte. Später wurden auch Vergaser mit Schwimmer verwendet.

Um Motoren größerer Leistung anbieten zu können, entwickelte Güldner ab 1912 auch 3-Zylinder- und 4-Zylinder-Motoren.

Typenreihe der Einzylinder-Motoren

Motortyp	D	F	G	H	J	K	L
Leistung in PS	10	15	20	25	30	35	40
Zylinderanzahl	1	1	1	1	1	1	1
Drehzahl U/min	240	225	225	210	210	200	200
Bohrung mm	200	230	250	270	300	305	320
Hub mm	320	360	400	440	480	485	500
Hubraum cm^3	10.048	14.950	19.625	25.180	33.912	35.417	40.192
eff MD kg/cm^2	3,75	4,26	4,08	4,28	3,8	4,45	4,5
Literleistung PS/l	1	1	1,01	0,99	0,75	0,99	0,99
Schwungrad Ø m	1,7	2	2,25	2,4	2,6	2,9	2,9
Motorhöhe m	2,11	2,35	2,45	2,6	2,7	3	3

Motortyp	M	N	O	P	Q	R
Leistung in PS	50	60	70	80	100	125
Zylinderanzahl	1	1	1	1	1	1
Drehzahl U/min	190	180	170	160	160	150
Bohrung mm	355	380	415	440	475	520
Hub mm	530	570	610	670	700	780
Hubraum cm^3	51.765	64.611	82.470	101.824	123.980	165.566
eff MD kg/cm^2	4,52	4,65	4,5	4,42	4,53	4,53
Literleistung PS/l	0,95	0,92	0,85	0,78	0,8	0,75
Schwungrad Ø m	3	3,3	3,4	3,6	3,6	3,8
Motorhöhe m	3	3,2	3,5	3,8	4	4,4

Typenreihe der Zweizylinder-Motoren

Motortyp	MM	NN	OO	PP	QQ	RR
Leistung in PS	100	120	140	160	200	250
Zylinderanzahl	2	2	2	2	2	2
Drehzahl U/min	190	180	170	160	160	150
Bohrung mm	355	380	415	440	475	520
Hub mm	530	570	610	670	700	780
Hubraum cm^3	103.530	129.222	164.940	203.648	247.960	331.132
eff. MD kg/cm^2	4,51	4,56	4,5	4,42	4,54	4,52
Literleistung PS/l	0,95	0,92	0,85	0,78	0,8	0,75
Schwungrad Ø m	3	3,3	3,4	3,6	3,6	3,8
Motorhöhe m	3	3,2	3,5	3,8	4	4,5

Die Sauggas-Generator-Anlagen

Auch die 1903 von Güldner parallel mit seinem Motor neu entwickelte Sauggas-Generator-Anlage für Anthrazit und Koks ähnelte der anderer Firmen. Sie bestand aus Generator, Gaswäscher und Trockenreiniger. Anstelle des sonst üblichen Verdampfers für die Anreicherung des Gases mit Wasserstoff hatte Güldner eine gesonderte Vorrichtung geschaffen, die den Generatorgasen die benötigte Wassermenge in Abhängigkeit von der jeweiligen Motorleistung zuteilte. Dieser Wasserzuführungsapparat arbeitete so, daß sich in einem Wassergefäß zwei konzentrisch ineinander liegende Röhrchen befanden, von denen das innere Bohrungen hatte, die in verschiedenen Höhen angebracht waren. Beim Saughub wurde der Wasserspiegel im inneren Röhrchen angehoben, und das Wasser konnte durch die Bohrungen in die Luftleitung abfließen. Je nach der Leistung des Motors wurde der Wasserspiegel mehr oder weniger gehoben, so daß durch die verschiedenen Bohrungen mehr oder weniger Wasser abfließen konnte. Dieser Apparat soll recht gut gearbeitet haben. Man erhielt durch ihn ein sehr gleichmäßiges Sauggas unabhängig von der Motorleistung. Diese Vorrichtung wurde durch das Patent Nr. 165 290 geschützt.

Die Verbrennungsluft im Generatordeckel wurde gut vorgeheizt und nach Zuführung des Wassers im hohlen Füllschacht überhitzt. Von da wurde sie dem Rost zugeführt und, wie üblich, über einen Gaswäscher, einen Trockenreiniger und einen Teerabscheider zum Motor geleitet. Um eine günstige Zylinderfüllung des Motors zu erhalten, hatte Güldner ein Gebläse angebracht, das dem Motor das Gas zudrückte. Dieser brauchte es also nicht mehr anzusaugen. Daneben hatte das Gebläse, wie im vorhergehenden Abschnitt beschrieben, die Aufgabe, den Verbrennungsraum auszuspülen und alle Verbrennungsprodukte vor Zuführung der neuen Ladung zu entfernen.

Beachtlich ist der große Umfang, den die Fabrikation von Generatoranlagen annahm, denn Güldner führte Sauggasanlagen für Anthrazit oder Koks in nicht weniger als 13 Leistungsstufen, die von 10 PS bis 200 PS reichten und für Braunkohle noch 7 Leistungsstufen, die 30 PS bis 300 PS umfaßten. Die 300 PS-Anlage dürfte eine der größten in Deutschland gewesen sein. Soweit bekannt, wurde sie allerdings nur einmal geliefert, nach Dresden. Für Leistungen von 100 PS bis 200 PS, die auch schon sehr beachtlich waren, wurde dagegen eine größere Anzahl Anlagen hergestellt.

Hervorgehoben werden soll noch, daß die Güldner'schen Generator-Anlagen sehr wirtschaftlich arbeiteten und einen geringen Kohlenverbrauch hatten. Zahlreiche Anlagen benötigten z. B. nur 340 g Anthrazit/PSh. Die günstigsten Werte lagen sogar bei 270 g/PSh.

Diesel-Motoren mit Lufteinblasung

Der erste Einzylinder Motor entstand unmittelbar nach dem Ablauf des Hauptpatentes von Diesel im Jahre 1907 und hatte bei 200 U/min. eine Normalleistung von 60 PS. Der Aufbau der Dieselmotoren entsprach ganz dem der Gasmotoren. Die Bohrung betrug 350 mm, der Hub 530 mm und den Brennstoffverbrauch bezifferte man mit 180 g/PS/h. Dieser Motor war in der Kraftzentrale der Güldner-Motoren-Werke bis zum Jahre 1926 ständig im Betrieb.

Die Einblasepumpe wurde anfangs mittels Riemen angetrieben, später wurde dazu übergegangen, den meist zweistufigen Kompressor mit der Kurbelwelle direkt zu kuppeln und ihn stehend oder liegend auf die Grundplatte aufzusetzen.

Im Aufbau gleicht der Güldner-Dieselmotor vollkommen dem der Gasmotoren. Das im Zylinderkopf untergebrachte Brennstoff-Ventil war

Zweizylinder Dieselmotor mit Lufteinblasung, Bauart RR 1000

Sechszylinder-Dieselmotor mit Lufteinblasung, Bauart 6 Qn

Typenreihe der nicht genormten Diesel-Motoren mit Lufteinblasung (1907–1919)

Einzylinder-Motoren

Motortyp	F 1000	G 1000	H 1000	J 1000	K 1000	L 1000
Leistung in PS	20	25	30	35	40	50
Drehzahl U/min	250	240	225	215	210	210
Bohrung mm	230	250	270	290	305	325
Hub mm	360	400	440	460	485	500
Hubraum cm^3	14.950	19.625	25.180	30.369	35.417	41.458
eff MD kg/cm^2	4,82	4,78	4,77	4,83	4,84	5,16
Literleistung PS/l	1,35	1,27	1,2	1,14	1,13	1,2

Einzylinder-Motoren

Motortyp	M 1000	N 1000	O 1000	P 1000	Q 1000	R 1000
Leistung in PS	60	70	85	100	125	150
Drehzahl U/min	200	190	180	170	170	160
Bohrung mm	350	380	415	440	475	535
Hub mm	530	570	610	670	700	780
Hubraum cm^3	50.966	64.611	82.670	101.824	123.980	175.256
eff MD kg/cm^2	5,3	5,13	5,16	5,19	5,35	4,83
Literleistung PS/l	1,19	1,08	1,01	0,98	1	0,86

Zweizylinder-Motoren

Motortyp	KK 1000	LL 1000	MM 1000	NN 1000
Leistung in PS	80	100	120	140
Drehzahl U/min	210	210	200	190
Bohrung mm	305	325	350	380
Hub mm	485	500	530	570
Hubraum cm^3	70.834	82.916	101.932	129.222
eff MD kg/cm^2	4,84	5,16	5,3	5,13
Literleistung PS/l	1,13	1,2	1,19	1,08

Zweizylinder-Motoren

Motortyp	OO 1000	PP 1000	QQ 1000	RR 1000
Leistung in PS	170	200	250	300
Drehzahl U/min	180	170	170	160
Bohrung mm	415	440	475	535
Hub mm	610	670	700	780
Hubraum cm^3	165.340	203.648	247.960	350.512
eff MD kg/cm^2	5,16	5,19	5,35	4,83
Literleistung PS/l	1,01	0,98	1	0,86

Dreizylinder-Motoren			**Vierzylinder-Motoren**	
Motortyp	3L 1000	3N 1000	4N 1000	4R 1000
Leistung in PS	150	210	280	700
Drehzahl U/min	210	190	190	160
Bohrung mm	325	380	380	535
Hub mm	500	570	570	780
Hubraum cm^3	124.374	193.833	258.444	701.024
eff MD kg/cm^2	5,16	5,13	5,13	4,83
Literleistung PS/l	1,2	1,08	1,08	1

mit den bekannten Plattenverteilern und mit Düsenplatte ausgerüstet. Die Betätigung des Ventils erfolgte von der Nockenwelle aus mittels Stoßstange und Kipphebel. Die Brennstoffpumpe war als Plungerpumpe ausgebildet. Die Steuerwelle trieb mittels Exzenter den Pumpenplunger an, wobei dessen Fördermenge mittels eines im Druckraum angeordneten Absteuerventils geregelt wurde. Für den Betrieb mit schwer entzündlichen Treibstoffen, z. B. Steinkohlenteeröl, wurde ein Hilfskolben an der Brennstoffpumpe angebaut, der beim Start und bis zum Erreichen der vollen Betriebswärme die volle Brennstoffmenge zu fördern und dann aber nur noch eine kleine Ölmenge dem Teerölstrom vorzulagern hatte.

Der Verdichtungsdruck betrug rund 30 atü. Die bei den behördlichen Abnahmen festgestellten speziellen Brennstoff-Verbräuche bei Vollast lagen zwischen 166 und 187 g/PSh, im Mittel bei 175 g/PSh, dürfen also als sehr günstig bezeichnet werden. Besonders bemerkt sei, daß die Motoren für eine Stunde auch mit 20 Prozent Überlast gefahren werden konnten.

Diese Güldner-Dieselmotoren waren sehr robuste Motoren, die sich recht gut einführten, so daß verhältnismäßig bald alle gängigen Typen geliefert werden konnten. Durch die kleinen Drehzahlen war ihr Verschleiß gering. Es wurden Einzylindermotoren in nicht weniger als 12 Leistungsgrößen mit Zylinderleistungen von 20–150 PS und Zweizylindermotoren in 11 Leistungsgrößen mit Leistungen von 50–300 PS gebaut. Ab 1912 folgte ein Dreizylindermotor von 150 und drei Vierzylindermotoren mit Leistungen von 280–700 PS.

Im Allgemeinen hatten die Güldner-Dieselmotoren die gleichen Abmessungen wie die Gasmotoren, wobei jedoch ein gleichstarker Dieselmotor jeweils mit den Zylinderabmessungen der nächstkleineren Gasmaschine auskam. Sehr beachtlich ist außerdem, daß alle Motoren keine Kolbenkühlung hatten. Bis 1914 wurden rund 200 Zylindereinheiten abgesetzt.

Typenreihe der genormten Diesel-Motoren mit Lufteinblasung (1907 - 1919)

Einzylinder-Motoren			
Motortyp	Ln	Mn	On
Leistung in PS	50	65	85
Drehzahl U/min	210	190	180
Bohrung mm	325	350	415
Hub mm	500	530	610
Hubraum cm^3	41.458	50.966	82.670
eff MD kg/cm^2	5,16	6,03	5,1
Literleistung PS/l	1,2	1,3	1,01

Zweizylinder-Motoren			
Motortyp	2 Ln	2 Mn	2 On
Leistung in PS	100	130	170
Drehzahl U/min	210	190	180
Bohrung mm	325	350	415
Hub mm	500	530	610
Hubraum cm^3	82.916	101.932	165.340
eff MD kg/cm^2	5,16	6,03	5,1
Literleistung PS/l	1,2	1,3	1,01

Dreizylinder-Motoren			
Motortyp	3 Ln	3 Mn	3 On
Leistung in PS	150	200	180
Drehzahl U/min	210	190	
Bohrung mm	325	350	415
Hub mm	500	530	610
Hubraum cm^3	124.374	152.898	248.010
eff MD kg/cm^2	5,16	6,18	5,1
Literleistung PS/l	1,2	1,32	1,01

Vierzylinder-Motoren			**Sechszylinder-Motor**	
Motortyp	4 Pn	4 Qn	Motortyp	6 Qn
Leistung in PS	400	500	Leistung	800
Drehzahl U/min	170	165	Drehzahl U/min	166
Bohrung mm	440	475	Bohrung mm	475
Hub mm	670	700		
			Hub mm	700
Hubraum cm^3	407.298	495.920	Hubraum cm^3	743.880
eff MD kg/cm^2	5,19	5,5	eff MD kg/cm^2	5,2
Literleistung PS/l	0,98	1	Literleistung PS/l	1,08

Vierzylinder Dieselmotor mit Einblasekompressor, Bauart 4 R 1000

Im Jahr 1919 wurde ein neues Motorenprogramm aufgestellt, wobei in verstärktem Umfang auf Normung Rücksicht genommen und die Zahl der Typen auf vier Zylindereinheiten verringert worden war. Erstmals wurde auch eine Sechszylinder-Ausführung gebracht.

Die Typen 4 Qn und 6 Qn waren mit Kolbenkühlung ausgerüstet. Mit dem mit dreistufigem Kompressor versehenen Sechszylinder 800 PS-Motor erreichte die Entwicklung der Dieselmotoren mit Lufteinblasung 1929 ihren Abschluß.

Motoren für drei verschiedene Brennstoffe

Diese Motoren waren vor allem für die Erdöl-Industrie bestimmt und arbeiteten einwandfrei, sowohl mit Erdöl, Erdgas und Benzin. Sie stellten eine organische Vereinigung der Dieselbauart mit der Gasmaschine dar, wobei als Zusatz für den Betrieb mit Benzin noch ein Vergaser kam.

Um vom Dieselbetrieb auf Erdgasbetrieb überzugehen, waren der mittels Riemen angetriebene Kompressor und zur Verringerung der Verdichtung an der Schubstange eine Beilagplatte auszubauen, ferner das Öleinblaseventil mit dem Zündkerzeneinsatz zu vertauschen, die Brennstoffpumpe abzuschalten und das Reguliergestänge umzubauen. Beim Benzinbetrieb wurde am Lufthahn des Gemisch-Einlaßventils ein Vergaser angebaut.

Diese Vielstoff-Motoren wurden in größeren Serien, vor allem als Bohrmotoren, für die rumänischen Sondenbetriebe in Einzylinder-Ausführung geliefert und hatten folgende Kennwerte: 65 PS und 85 PS bei Ölbetrieb, 55–60 PS und 75–80 PS bei Gasbetrieb, spez. Verbrauch 290 und 280 gr/PSh Schwerbenzin und 195 und 190 gr/PSh Gasöl bei Vollast.

Kompressorlose Standard-Dieselmotoren

Mit der Entwicklung der kompressorlosen Bauart wurde im Jahr 1924 begonnen und im November 1925 der erste sogenannte Standard-Dieselmotor mit 60 PS Normalleistung bei 250 U/min. getestet. Die Versuche ergaben bei Normalleistung einen spezifischen Brennstoff-Verbrauch von 160,3 g/PSh. Der Motor konnte bis zu 35 Prozent überlastet werden, wobei der Verbrauch nur auf 173 g/PSh stieg. Der Aufbau des Einzylinder-Motors gleicht im wesentlichen dem der Motoren mit Lufteinblasung. Neu sind die Brennstoffpumpe, die Einspritzdüse und die Kolbenbodenform. Das in der Mitte des Verbrennungsraumes angeordnete Einspritzventil, erstmals nicht mehr gesteuert, öffnete bei 250 atü und spritzte im Winkel von 142° den Kraftstoff durch acht feine Löcher mit 0,35 mm Ø in den Verbrennungsraum. Der eingesetzte Kolbenboden wies eine kegelförmige Form auf und war außen hochgezogen. Die Brennstoffpumpe glich in ihrem Aufbau der Pumpe für die Motoren mit Lufteinblasung, d. h. die Fördermenge des von der Nockenwelle über einen Lenker angetriebenen Pumpenplungers wurde im Druckraum mittels eines Absteuerventils geregelt. Der Regler wirkte dabei auf den Druckstab des Absteuerventils über einen Regulierkeil ein.

Einzylinder-Dieselmotor, Bauart Lo

Typenreihe der Standard-Diesel-Motoren ohne Kompressor (1924–1930)

Einzylinder-Motoren				
Motortyp	Lo	Mo	Oo	
Leistung in PS	60	90	100	
Drehzahl U/min	250	250	214	
Bohrung mm	325	350	415	
Hub mm	500	530	610	
Hubraum cm³	41.458	50.966	82.670	
eff MD kg/cm²	5,43	6,35	5,1	
Literleistung PS/l	1,5	1,8	1,09	
Zweizylinder-Motoren				
Motortyp	2 Lo	2 Mo	2 Oo	
Leistung in PS	120	180	200	
Drehzahl U/min	250	250	214	
Bohrung mm	325	350	415	
Hub mm	500	530	610	
Hubraum cm³	82.916	101.932	165.340	
eff MD kg/cm²	5,43	6,35	5,1	
Literleistung PS/l	1,5	1,8	1,09	
Vierzylinder-Motoren				**Sechszylinder-Motor**
Motortyp	4 Lo	4 Mo	4 Oo	6 Oo
Leistung in PS	250	360	400	600
Drehzahl U/min	250	250	214	214
Bohrung mm	325	350	415	415
Hub mm	500	530	610	610
Hubraum cm³	165.832	203.864	330.680	496.020
eff MD kg/cm²	5,43	6,35	5,1	5,1
Literleistung PS/l	1,5	1,8	1,09	1,2

Während bei Ein- und Zweizylinder-Motoren jeder Zylinder mit einer Brennstoffpumpe ausgerüstet war, wurden bei den Drei-, Vier- und Sechszylindern die Pumpen in Blockbauart zusammengefaßt und auf der Grundplatte angeordnet.

In rascher Reihenfolge wurden nun drei Zylindereinheiten mit ein bis sechs Zylindern entwickelt, wobei die Höchstleistung mit der Sechszylindermaschine 6 Oo mit 600 PS bei 214 U/min. erreicht wurde. Diese Typen-Reihe hatte sich im In- und Ausland sehr gut durchgesetzt.

Der Übergang vom System mit Lufteinblasung auf die Bauart direkter Einspritzung brachte eine erhebliche Verbesserung der Motorkennwerte. So erhöhten sich z. B. die auf gleiche Hubräume bezogenen eff. Mitteldrücke und Literleistungen.

Motorenbaureihe H

In dem Bestreben, die Motor-Drehzahlen weiter zu erhöhen und dadurch leichtere und billigere Motoren zu erhalten und gleichzeitig schneller zum Ziel zu kommen, wurde 1927 eine Lizenz auf eine Motor-Type mit 22 PS Zylinderleistung bei 500 U/min. erworben. Es wurden folgende Typen in Fabrikation genommen:

Motortyp	H 1	H 2	H 4
Zylinderzahl	1	2	4
Leistung in PS	22	46	90
Drehzahl U/min	500	500	600
Bohrung mm	200	200	200
Hub mm	260	260	260
Hubraum cm³	8.164	16.328	32.656
eff MD kg/cm²	4,66	4,75	4,75
Literleist. PS/l	2,58	2,65	2,65

Der Kolben hatte etwa dieselbe Bodenform wie der Kolben der Standard Dieselmotoren, ebenso wurde der Kraftstoff mittels feiner Düsenbohrungen eingespritzt. Regler-System Jahns. Die Konstruktion machte vielerlei Änderungen notwendig und wurde bald wieder verlassen. Immerhin hat sie Anregungen für eine eigene erfolgreiche Konstruktion gegeben: für die Type KS 20.

Zweizylinder-Dieselmotor, Bauart H2

Typenreihe KS

KS 20

Im Jahr 1928 wurde mit der Type KS 20 eine Motoren-Reihe von Zwei-, Drei-, Vier-, Fünf- und Sechszylinder-Motoren geschaffen, die sich sowohl als stationäre, besonders aber als Schiffsmaschinen rasch durchsetzten. Die Motoren besaßen eine Bohrung von 200 mm, einen Hub von 260 mm und erzeugten bei 500 U/min. eine Zylinderleistung von 25 PS.

Während für die Zwei-, Drei- und Vierzylinder-Motoren einteilige Zylinderblöcke verwendet wurden, kamen bei den Fünf- und Sechszylinder-Versionen zweiteilige Blöcke zur Ausführung. Der Verbrennungsraum glich dem der Standard-Motoren. Die Düse besaß sechs Löcher mit 0,2 mm Durchmesser, der Strahlwinkel betrug 142°.

Vor der Kurbelwelle wird durch ein Schraubenräderpaar eine vertikale Steuerwelle und von dieser ebenfalls mittels Schraubenräder die horizontale, über dem Zylinderkopf liegende Steuerwelle angetrieben. Der Jahns-Regler ist auf der vertikalen Steuerwelle zwischen zwei Lagern angeordnet. Die Brennstoffpumpen gleichen in ihrem Aufbau denen der Standard-Motoren und sind an der Vorderseite des Motors in einem geschlossenen Gehäuse vereinigt. Der Antrieb der Pumpenkolben erfolgt mittels einer von der Kurbelwelle durch Stirnräder angetriebenen Daumenwelle unter Übertragung der von den Daumen abgeleiteten Bewegung auf die Geradführung der Plunger mittels Lenker. An dem Druckraum der stets die gleiche Brennstoffmenge fördernden Pumpe ist ein vom Regler mittels Keilverstellung gesteuertes Überströmventil angeschlossen, das während des Druckhubes der Pumpe

Je ein Drei- und Vierzylinder-Dieselmotor der Bauarten 3 und 4 KS 20 im Scala-Theater Den Haag

Zwei Vierzylinder-Dieselmotoren einer Zentrale in Rumänien, Bauart 4 KS 20

Zwei Sechszylinder-Dieselmotoren in der Betriebszentrale der Nebelhornbahn, Bauart 6 KS 20

je nach der Belastung des Motors früher oder später geöffnet wird und dadurch die weitere Zuführung des Brennstoffs in den Verbrennungsraum verhindert. Das Anlassen des Motors erfolgt mittels Druckluft von 15 bis 20 atü. Zur Füllung der Luftflasche wird vorübergehend die Brennstoffpumpe eines Zylinders abgestellt, die dann als Luftpumpe wirkt. Die Graugußkolben sind mit 7 Kolbenringen und mit einer in den Boden eingesetzten Stahlplatte ausgestattet. Hinsichtlich der Güte der Verbrennung und des spez. Brennstoff- Verbrauches entsprach dieses Baumuster den gestellten Anforderungen in jeder Hinsicht. Der spez. Brennstoff-Verbrauch für Vollast lag bei rd. 180 g/PSh.

Typenreihe KS 20

Motortyp	2 KS 20	3 KS 20	4 KS 20	5 KS 20	6 KS 20
Leistung in PS	50	75	100	125	150
Zylinderzahl	2	3	4	5	6
Drehzahl U/min	500	500	500	500	500
Bohrung mm	200	200	200	200	200
Hub mm	260	260	260	260	260
Hubraum cm^3	16.328	24.492	32.656	40.820	48.984
eff MD kg/cm^2	5,52	5,52	5,52	5,52	5,52
Literleistung PS/l	3,07	3,07	3,07	3,07	3,07

Typenreihe KS 21

Motortyp	2 KS 21	3 KS 21	4 KS 21	5 KS 21	6 KS 21
Leistung in PS	60	90	120	150	180
Zylinderzahl	2	3	4	5	6
Drehzahl U/min	500	500	500	500	500
Bohrung mm	210	210	210	210	210
Hub mm	280	280	280	280	280
Hubraum cm^3	19.386	29.080	38.772	48.466	58.159
eff MD kg/cm^2	5,51	5,51	5,51	5,51	5,51
Literleistung PS/l	3,06	3,06	3,06	3,06	3,06

Fünfzylinder-Dieselmotor, Bauart 5 KS 20

Brennstoffventil für Dickölbetrieb

Das in der Zeit von 1930 bis 1940 besonders in Südeuropa zur Verwendung gelangende sogenannte Dicköl, ein stark asphalthaltiger, schlecht gereinigter und sehr dickflüssiger Kraftstoff, stellte an die Diesel-Motoren ohne Lufteinblasung besondere Anforderungen, die ohne Spezialeinrichtungen nicht zu bewältigen waren. Das von den Standard-Motoren im Aufbau übernommene Einspritzventil mit der verhältnismäßig kurzen Düsennadel erwies sich bei Dickölbetrieb als unbrauchbar, da schon nach wenigen Stunden ein Verkoken der Düsenbohrungen auftrat. Deshalb wurde die Düsennadel wesentlich verlängert und nur schwach geführt, so daß sie trotz ihrer Länge gut in der Düsenkappe abdichten konnte und ein Nachtropfen vermieden wurde. Gleichzeitig wurde die Düsennadel an ihrem Sitz durch einen gesondert dorthin gerichteten Kühlwasserstrahl kräftig gekühlt. Dieses Einspritzventil trug wesentlich zur Verbreitung der KS 20-Motoren im Ausland bei.

Die Motorenreihe KS 20 wurde auch mit fünf Zylindern gebaut, eine damals bei Viertakt-Motoren recht seltene Zylinderzahl. Diese Zylinderzahl hat sich ebenso bewährt wie die übrigen Zahlen, auch bei Schiffsmotoren. Die bei Fünfzylinder-Motoren verhältnismäßig kräftigen Torsionsschwingungen wirkten sich beim Durchschreiten des Drehzahlbandes nur im Leerlauf aus und konnten leicht beherrscht werden.

KS 21

Die bewährte Type KS 21 wurde im Jahre 1932 in ihrer Leistung erhöht, indem die Zylinderbohrung von 200 auf 210 mm und der Hub von 260 auf 280 mm vergrößert wurde. Die Leistung je Zylinder erhöhte sich bei 500 U/min. von 25 PS auf 30 PS.

Diese Motor-Type wurde vereinzelt auch durch ein riemengetriebenes Drehkolbengebläse aufgeladen, wodurch sich die Motorleistung um 40 Prozent erhöhte, ohne daß eine thermische Überlastung auftrat.

Typenreihe KS 32

Im Jahr 1928 wurde mit dem Bau einer Typenreihe begonnen, die etwa in der Mitte zwischen den langsamlaufenden Standard-Typen mit Drehzahlen bis zu 250 U/min. und den schneller laufenden KS 20-Motoren mit Drehzahlen bis zu 500 U/min. lag: Die Typen-Reihe KS 32. Die Zylinderleistung der mit Zwei-, Drei-, Vier- und Sechszylindern gebauten Motorenreihe betrug 75 PS, die Bohrung 325 mm, der Hub 400 mm, die Höchstdrehzahl 375 U/min.

Typenreihe KS 32				
Motortyp	2 KS 32	3 KS 32	4 KS 32	6 KS 32
Leistung in PS	150	225	300	450
Zylinderzahl	2	3	4	6
Drehzahl U/min	375	375	375	375
Bohrung mm	325	325	325	325
Hub mm	400	400	400	400
Hubraum cm^3	66.332	99.498	132.664	198.996
eff MD kg/cm^2	5,42	5,42	5,42	5,42
Literleistung PS/l	3,26	3,26	3,26	3,26

Der Motor wies zum ersten Mal eine Kastenbauweise auf, wobei Ständer und Grundplatte durch stählerne Zuganker miteinander verbunden waren, die bis zur Mitte des Ständers reichten. Die Ventile wurden durch Steuernocken, die auf der horizontalen Steuerwelle aufgekeilt waren, mittels Lenkhebeln und Stoßstangen betätigt.

Die horizontale Steuerwelle, wie bei den früheren großen Motor-Baumustern in halber Maschinenhöhe angeordnet, wurde von der Kurbelwelle aus durch drei Stirnräder angetrieben. Die Brennstoffpumpen waren zu zwei bzw. drei Pumpen in einem gemeinsamen Gehäuse vereinigt und seitlich über der Nockenwelle angeordnet. Aufbau und Antrieb entsprachen weitgehend der des KS 20-Motors, ebenso die Ausbildung des Einspritzventils und der Einspritzdüse, die acht Löcher mit 0,3 mm Ø aufwies, bei einem Strahlwinkel von 145°. Das Anlassen erfolgte in üblicher Weise durch Preßluft. Das Kolbenmaterial war Grauguß mit eingesetzter Stahl-Bodenplatte. Die KS 32 Motoren haben sich sowohl als Schiffsmotoren, als auch in stationärer Ausführung sehr gut bewährt und durch ihre Zuverlässigkeit zusammen mit den KS 20 Motoren internationalen Ruf erworben. Auch diese Motoren wurden vielfach mit Aufladegebläse geliefert (durch Riemen oder Ketten angetrieben), wodurch die Motorleistung um 40 Prozent erhöht wurde.

Vierzylinder-Dieselmotor in der Centrale der Nürnberger Eisfabrik, Bauart 4 KS 32

Schiffs-Diesel-maschinen

Die Type 3 KS 32 wurde 1932 auch in einer Ausführung als umsteuerbarer Motor geliefert, was bei Viertakt-Motoren ein Novum darstellte. Die Nockenwelle wurde dabei mechanisch verschoben. Das Anlassen erfolgte, um einwandfreies Anspringen in jeder Kurbelstellung zu ermöglichen, durch Zweitakt-Steuerung. Trotz seiner nur drei Zylinder konnte dieser Motor von 375 bis 70 U/min. heruntergeregelt werden. Die Aufladung durch fremd angetriebenes Gebläse brachte demgemäß eine Steigerung der Motorleistung um rund 40 Prozent.

Umsteuerbarer Dreizylinder Motor

Die Umsteuerung erfolgte durch mechanische Verschiebung der Nockenwelle, wobei die Lenkerrollen zur Betätigung der Ventile hydraulisch angehoben wurden. Auch diese Motoren haben sich hervorragend bewährt.

Direkt umsteuerbarer 6 KS 32-Motor mit Aufladegebläse

Zum Einbau in größere Schiffe wurde die Sechszylinder-Maschine ab 1936 in der Zylinderbohrung und im Hub vergrößert und in Einzelfällen noch aufgeladen.

Zweitakt-Diesel-Motoren

1931 wurde die Konstruktion der Eilenburger Motorenwerke übernommen und in größerer Stückzahl auch als Schiffsmaschine gebaut. Die Motoren wiesen Kurbelkastenspülung mit Schlitzsteuerung auf und wurden in drei Zylindergrößen mit Zylinderzahlen zwischen 1 und 4 hergestellt. Die Drehzahlen lagen zwischen 520 und 350 U/min. Weitere Merkmale waren die Einzelständer, direkte Einspritzung des Kraftstoffs mittels Nadelventils durch Mehrlochdüse (4–6 Löcher mit 0,2 mm Ø) und kegelige Form des Graugußkolbenbodens. Der spezifische Kraftstoff-Verbrauch der Motoren bei Vollast lag je nach der Hubraumgröße zwischen 225 und 180 g/PSh. Die kleine Motor-Type konnte von Hand angedreht werden, für die übrigen war eine Preßluft-Anwurfvorrichtung mit handbetätigtem sogenanntem Stoßventil vorgesehen. Die Vierzylinder-Type S 36 konnte direkt umgesteuert werden. Besonders erwähnenswert ist die Brennstoffpumpe dieser Motoren, die nicht mit Absteuer-Regulierung arbeitete, wie sie bisher bei allen GÜLDNER-Typen angewendet worden war, sondern mit einer Drosselregulierung. Diese Regulierung hatte einen außergewöhnlich ruhigen Lauf des Motors bei allen Belastungen und Drehzahlen zur Folge.

Zweitakt-Dieselmotor SD 36

Schiffsmaschinen KSU A und KSU B

Im Jahr 1933 wurde ein ausschließlich als Schiffsmaschine gebauter Sechszylinder-Viertakt-Motor, Baumuster KSU A, auf den Markt gebracht, der 180 PS bei 500 U/min. leistete. Seine Zylinderbohrung betrug 210 mm und der Hub 280 mm. Durch Vergrößerung des Hubs von 280 auf 310 mm wurde mit der Type KSU B die Motorleistung auf 200 PS bei 500 U/min. gebracht. Der sehr begehrte

Typenreihe 6 KS 32 U

Direkt imsteuerbarer Motor mit abgenommener Haube, Typ KSU A

Gasmotor, Typ CS

Motor wies modernste geschlossene Kastenbauweise auf und war direkt umsteuerbar. An seiner Stirnseite war ein zweistufiger Kompressor mit Zwischenkühler angebaut. Die vor jedem Zylinder angeordneten Deckel-Brennstoffpumpen arbeiteten mit Absteuer-Regulierung. Auch diese Motoren wurden vereinzelt mit Aufladegebläse geliefert und leisteten dann 250 PS.

Liegende Maschinen C und CS

Im Jahr 1936 wurde eine größere liegende Maschine in Ein- und Zweizylinder-Ausführung, die Type C und 2 C, als Diesel- und Gasmaschine entwickelt. Der Motor besaß eine Zylinderbohrung von 190 mm, einen Hub von 280 mm und leistete bei 750 U/min als Dieselmaschine 32 PS, als Gasmaschine 26 PS je Zylinder entsprechend einen eff. Mitteldruck von 4,84 bzw. 3,93 kg/cm^2. Die Brennstoff-Einspritzung bei Dieselbetrieb erfolgte durch Mehrlochdüse. Für Gasbetrieb wurde der Kolben gewechselt und der Magnet-Zündapparat angebaut sowie die Einspritzdüse durch eine Zündkerze ersetzt. Die Motoren waren für Holzgas, Anthrazit- und Koksgas geeignet.

Typenreihe L und LS

Im Jahr 1939 wurden Vier- und Sechszylinder-Maschinen der Type S mit 125 mm Zylinderbohrung und 180 nm Hub gebaut, die bei 1200 U/min. 80 bzw. 120 PS leisteten und sowohl als ortsfeste und als Schiffsmaschinen Verwendung fanden. Sie waren anfangs mit der alten Wälzkammer, später mit der neuen Kammer ausgestattet. Die Maschine wies reine Blockbauweise mit Einzelzylinderköpfen auf und erhielt infolge der sehr nahe am Zylinderblock in

Typenreihe 6 KS 32 U

Motortyp	ohne Aufladung	mit Aufladung
Leistung in PS	450	630
Zylinderzahl	6	6
Drehzahl U/min	325	325
Bohrung mm	340	340
Hub mm	420	420
Hubraum cm^3	228.680	228.680
eff MD kg/cm^2	5,45	7,63
Literleistung PS/l	1,97	2,75

Typenreihe der Zweitakt-Diesel-Motoren

Motortyp	S 36	SZ 36	SD 36	SV 36
Leistung in PS	44	88	132	176
Zylinderzahl	1	2	3	4
Drehzahl U/min	350	350	350	350
Bohrung mm	250	250	250	250
Hub mm	360	360	360	360
Hubraum cm^3	17.662	35.325	52.987	70.650
eff MD kg/cm^2	3,25	3,25	3,25	3,25
Literleistung PS/l	2,49	2,49	2,49	2,49

Typenreihe der C und CS

Motortyp	C	2 C	CS	2 CS
Ausführung	Diesel	Diesel	Gas	Gas
Leistung in PS	32	64	26	52
Zylinderzahl	1	2	1	2
Drehzahl U/min	750	750	750	750
Bohrung mm	190	190	190	190
Hub mm	280	280	280	280
Hubraum cm^3	7.935	15.870	7.935	15.870
eff MD kg/cm^2	4,84	4,84	4,84	4,84
Literleistung PS/l	4,02	4,02	3,27	3,27

Motoren der Type S

Motortyp	S 3	4 S	6 S	6 SV
Ausführung für	Schiff	Schiff	Schiff	Schiff
Leistung in PS	200	270	400	600
Zylinderzahl	3	4	6	6
Drehzahl U/min	400	400	400	400
Bohrung mm	290	290	290	300
Hub mm	420	420	420	420
Hubraum cm^3	82.124	110.911	166.366	178.038
eff MD kg/cm^2	5,4	5,47	5,4	7,57
Literleistung PS/l	2,4	2,42	2,4	3,38

Typenreihe der Zweitakt-Diesel-Motoren

Motortyp	S 22	SZ 22	S 30	SZ 30	SD 30
Leistung in PS	15	30	27	54	80
Zylinderzahl	1	2	1	2	3
Drehzahl U/min	520	520	450	450	450
Bohrung mm	160	160	200	200	200
Hub mm	220	220	300	300	300
Hubraum cm^3	4.421	8.842	9.420	18.840	28.260
eff MD kg/cm^2	2,8	2,8	2,8	2,9	2,9
Literleistung PS/l	3,4	3,4	2,87	2,87	2,84

Motortyp	**KSU A**	**KSU B**
Leistung in PS	180	200
Zylinderzahl	6	6
Drehzahl U/min	500	500
Bohrung mm	210	210
Hub mm	280	310
Hubraum cm^3	58.159	64.390
eff MD kg/cm^2	5,56	5,56
Literleistung PS/l	3,09	3,44

Motoren der Type LS

Motortyp	4 L	4 LS	6 L	6 LS
Ausführung für	Stationär	Schiff	Stationär	Schiff
Leistung in PS	80	80	120	120
Zylinderzahl	4	4	6	6
Drehzahl U/min	1.200	1.200	1.200	1.200
Bohrung mm	125	125	125	125
Hub mm	180	180	180	180
Hubraum cm^3	8.831	8.831	13.246	13.246
eff MD kg/cm^2	6,78	6,78	6,78	6,78
Literleistung PS/l	9,05	9,05	9,05	9,05

Kennwerte der Reihe N

Motortyp	3 N	4 N	6 N
Ausführung für	Stationär	Stationär	Stationär
Leistung in PS	112	150	225
Zylinderzahl	3	4	6
Drehzahl U/min	750	750	750
Bohrung mm	190	190	190
Hub mm	280	280	280
Hubraum cm^3	23.805	31.740	47.610
eff MD kg/cm^2	5,65	5,68	5,68
Literleistung PS/l	4,71	4,73	4,73

halber Höhe angeordneten Nockenwelle ein sehr schlankes Aussehen. Die Bosch-Pumpe war normalerweise mit dem Bosch-Regler ausgerüstet, für Schiffsmaschinen wurde ein Güldner-Spezialregler eingebaut, der eine Drehzahlverstellung zwischen 1200 und 1800 U/min ermöglichte. Das Umsteuergetriebe wurde direkt am Motorständer angeflanscht. Das Anlassen erfolgte durch BOSCH-Anlasser. An der Auspuffseite war ein Ölkühler angeordnet.

Typenreihe S

Im Jahr 1940 wurde als leichtere und modernere Ausführung der KS 32-Maschine die Serie 3 bis 6 S gebaut, die sowohl für stationären als auch für Schiffsbetrieb bestimmt war. Der in Kastenbauweise ausgeführte Motor arbeitete mit direkter Strahleinspritzung und gab bei 400 U/min. eine Normalleistung von rund 66,7 PS je Zylinder ab. Bei 290 mm Zylinderbohrung und 420 mm Hub, er-

Liegender Güldner Motor GL 32

Schiffsmotor, Typ 4 S

Stationärmotor, Typ 6 L

rechnet sich ein eff. Mitteldruck von 5,38 kg/cm^2 und eine Literleistung von 2,4 PS/l. Als Brennstoffpumpen wurden Einzelpumpen von Bosch verwendet. Die Kolben waren aus Grauguß gefertigt. Die Schiffsmaschine 6 S wies Schrägnocken und pneumatisch-hydraulische Umsteuerung mit Öl auf, ferner einen abschaltbaren Kompressor. Durch die Unterbringung des gesteuerten Anlaßventils direkt auf der Steuerwelle fiel das übliche Steuergestänge nach dem auf dem Zylinderkopf angeordneten Anlaßventil fort. Bei der Type S war am Zylinderkopf lediglich ein Rückschlagventil vorgesehen. Die Anlaßdruckluft wurde den einzelnen Zylindern seitlich zugeführt. Die Type 6 SV war eine Maschine mit Aufladung, wobei das Gebläse mittels Kette oder Riemen angetrieben und die Leistung von 435 auf 600 PS erhöht wurde. Die Zylinderbohrung war dabei von 290 auf 300 mm gebracht worden.

Typenreihe N

Im Jahr 1941 wurde mit der Typenreihe 3 N bis 6 N ein weiterer Schritt in Hinsicht auf die Schnelläufigkeit der stationären und Schiffsmaschinen getan. Mit 750 U/min. und 190 mm Zylinderbohrung bei 280 mm Hub, leistete die Type N 110 bzw. 225 PS mit 3- bzw. 6-Zylindern entsprechend einen eff. Mitteldruck von 5,53 kg/cm^2. Die Sechszylinder-Type 6 N war als Schiffsmaschine gebaut und pneumatisch-hydraulisch umsteuerbar. Die Type glich in ihren Einzelheiten der Type L, auch hinsichtlich des Verbrennungsraumes und der Brennstoff-Einspritzung. Infolge der Kriegsverhältnisse wurden von dieser Type nur wenige Motoren geliefert.

Kleindiesel-Motoren

Im Jahr 1933, als die Nachfrage nach kleinen liegenden Diesel-Motoren immer stärker wurde, ging man bei Güldner in Aschaffenburg an den Bau von Kleindiesel-Motoren mit Drehzahlen bis zu 1500 U/min. Man drang also ziemlich unvermittelt in das Gebiet der Schnellläufer ein. Bis dahin hatte man nur Motoren gebaut, deren Drehzahlen nicht höher als 520 U/min waren.

Liegende 1- und 2-Zylinder-Motoren

Diese Ein- oder Zweizylinder-Motoren arbeiteten nach dem Verfahren der direkten Strahleinspritzung. Weitere Kennzeichen: Druckumlaufschmierung, Verdampferkühlung, Graugußkolben und die Ausführung mit zwei bzw. drei Wälzlagern, von denen eines ein Pendelrollenlager war. Bei den Zweizylinder-Motoren saß das Mittellager auf einer geteilten Spannhülse. Die parallel zur Kurbelwelle angeordnete Steuerwelle wurde durch schräg verzahnte Stirnräder angetrieben. Die Steuerung der Ein- und Auslaßventile erfolgte durch Stoßstangen. Die Brennstoffpumpe wurde mittels Nockenwelle und Stößel betätigt. Der auf der Steuerwelle angeordnete Federregler wirkte auf das Nadelregulierventil der Brennstoffpumpe. Die Düse war eine sogenannte offene Düse. Der Kraftstoff wurde durch sechs Löcher mit einer Bohrung von 1.3 mm im Winkel von 145° mit 200 atü Druck eingespritzt. Der spez. Kraftstoffverbrauch bei Vollast lag bei 210 g/PSh. Die horizontal angeordnete Brennstoffpumpe arbeitete mit der sogenannten Drosselregulierung. Dabei wurde der, von dem mit konstanten Hub arbeitenden Pumpenplunger zu viel geförderte, Kraftstoff mittels eines vom Regler gesteuerten Regulierventils in den Saugraum der Pumpe zurückgeleitet. Diese Art der Pumpenförderung bei geöffneten Regulierventil ergab, besonders im Teillastbereich, sehr günstige Einspritzzeiten und eine große Laufruhe über den ganzen Drehzahlbereich. Die Motoren-Reihe bekam die Bezeichnung KL für „Kleindiesel Liegend“.

Noch im selben Jahr stellte man das Verbrennungsverfahren auf das Lanova-System um. Bei diesem Verfahren wurde der Kraftstoff durch eine Zapfendüse in den nierenförmigen Brennraum gespritzt. Ein Teil des Kraftstoffs gelangte in den Luftspeicher und rief in diesem durch Teilverbrennung ein Rückströmen des Speicherinhaltes hervor. Der Speicher-

Liegender Dieselmotor GKN

Liegender Dieselmotor GK

Liegender Dieselmotor GB

strahl bewirkte im Brennraum zwei kräftige Kreiswirbel, die dem Brennstoffstrahl während der Dauer der Verbrennung frische Luft zuführten. Der Luftspeicher war als Doppelkammer ausgebildet, von der die eine beim Anlassen zur Erhöhung der Verdichtung durch ein Speicherventil abgeschlossen werden konnte. Das neue Verbrennungsverfahren führte zu einer Steigerung des effektiven Mitteldrucks um bis zu 20 bis 29 Prozent und zu einer Verringerung des spezifischen Kraftstoffverbrauches bei Vollast von rund 210 auf rund 190 gr/PSh. Diese Motoren-Reihe bekam die Bezeichnung GL für „Güldner Lanova". Etwa 1935 wurde bei diesen Motorentypen von Grauguß- auf Leichtmetallkolben umgestellt.

Diese vier Motoren waren die Grundtypen mit der größtmöglichen Leistung. Wollte man einen Motor mit 9 PS, wie zum Beispiel im Kramer Allessschaffer von 1935, so wurde die Leistung auf 9 PS eingestellt und der Motor als GL 9 ausgeliefert. Aufgrund der guten Erfahrungen, die man mit der neuen Wälzkammer und den F-Motoren gemacht hatte, war man im Jahr 1938 dazu übergegangen, die liegenden Motoren vom Typ GL auf das Wälzkammerverfahren umzubauen. Diese Motoren erhielten danach die Typen-Bezeichnung GW (Güldner Wälzkammer). Es wurden drei Einzylinder- und zwei Zweizylinder-Typen mit Normal-Leistung zwischen 9 und 36 PS entwickelt. Diese Motoren fanden Verwendung unter anderem in den Kramer-Schleppern vom Typ K 18/K 22 TH.

Nachdem Güldner während des Krieges die Produktion dieser Motorenreihe einstellen mußte, wurde sie ab 1949 wieder ins Programm genommen und 1950 überarbeitet. Der GW 20 leistete ab da dann 22 PS.

1955 wurden diese Typen nochmals überarbeitet und durch zwei weitere ergänzt. Der eine war der GK. Er war mit Wälzlagern und einer Güldner-Einspritzpumpe ausgerüstet. Den gleichen Motor konnte man auch als GKN mit Gleitlagern und Bosch-Einspritzpumpe haben. Der andere Typ war der GB.

Typenreihe der KL-Motoren mit direkter Strahleinspritzung				
Type:	KL 10	2 KL 10	KL 12	2 KL 12
Leistung in PS	7	14	10	20
Zylinderzahl	1	2	1	2
Drehzahl U/min	1.400	1.400	1.200	1.200
Bohrung mm	100	100	120	120
Hub mm 1	20	120	145	145
Hubraum ccm	942	1.884	1.639	3.278
eff MD kg/qcm	4,78	4,78	4,57	4,57
Literleistung PS/l	7,45	7,45	6,1	6,1

Typenreihe der GW-Motoren mit Wälzkammer-Verfahren					
Type:	GW 10	GW 14	GW 20	GW 25	GW 36
Leistung in PS	9	13	20	25	36
Zylinderzahl	1	1	1	2	2
Drehzahl U/min	1.500	1.500	1.500	1.500	1.500
Bohrung mm	90	105	120	105	120
Hub mm	100	130	145	130	145
Hubraum ccm	636	1.125	1.639	2.250	3.278
eff MD kg/qcm	7,1	6,93	6,95	6,67	6,6
Literleistung PS/l	14,13	11,55	12,38	10	11,72

Typenreihe der GL-Motoren mit Lanova-Verfahren				
Type:	GL 11	GL 22	GL 16	GL 32
Leistung in PS	11	22	16	32
Zylinderzahl	1	2	1	2
Drehzahl U/min	1.500	1.500	1.500	1.500
Bohrung mm	105	105	120	120
Hub mm 1	30	130	145	145
Hubraum ccm	1.125	2.250	1.639	3.278
Literleistung PS/l	9,77	9,77	9,75	9,75
eff MD kg/qcm	5,87	5,87	5,85	5,85

Typenreihe der GW-Motoren mit Wälzkammer-Verfahren					
Type:	GK/GKN	GB	GW 15	GW 20	GW 36
Leistung in PS	6	12	15	20	36
Zylinderzahl	1	1	1	1	2
Drehzahl U/min	2.000	1.800	1.800	1.500	1.500
Bohrung mm	75	95	105	120	120
Hub mm	100	130	140	145	145
Hubraum ccm	448	921	1.212	1.639	3.278
eff MD kg/qcm	6,1	6,51	6,18	6,95	6,6
Literleistung PS/l	14,22	13,1	12,4	11,6	11,97

Der Güldner-Klein-Dieselmotor ...

... auf Karren, Dreschmaschine antreibend ...

... auf Karren, Schrotmühle antreibend ...

... und in selbstfahrenden Motormäher eingebaut

Güldner-Motor GL 16 im Kramer K 18 von 1936

Güldner-Motor GW 20 im Kramer K 18 M von 1939

Stehende Stationär- und Einbau-Motoren

Parallel zur Entwicklung der liegenden Motoren befaßte sich Güldner auch mit dem Konzept der stehenden Motoren. So hatte man bis Ende 1934 einen Vierzylinder-Motor, der nach dem Lanova-Verfahren arbeitete, serienreif. Unter der Bezeichnung T 40 sollte er als Einbau-Motor in Traktoren dienen. Die Version, die als Antriebsaggregat für stationäre Anlagen arbeitete, bezeichnete man dagegen mit E 40.

40 PS Vierzylinder-Viertakt-Dieselmotor, T 40 und E 40

Die Dauerleistung des Motors betrug 40 PS bei 1200 U/min, die Zylinderbohrung 105 mm und der Hub belief sich auf 150 mm. Mit einem effektiven Mitteldruck von 5,77 kg/cm^2 erreichte man eine Literleistung von 7,7 PS/l. Der spezifische Kraftstoffverbrauch lag bei ca. 200 gr/PSh.

Zum ersten Mal gelangte eine Bosch-Einspritzanlage mit unmittelbar angebautem Drehzahlregler zur Verwendung. Die durch Zahnräder angetriebene Nockenwelle für die Ein- und Auslaßventile war einteilig in das Gebläseoberteil eingeschoben. Die Betätigung der Ventile erfolgte über Stoßstangen und Kipphebel. Vorgesehen waren Druckschmierung durch Zahnradölpumpe und ein besonderer Ölkühler.

Das Anlassen erfolgte entweder durch einen Bosch-Anlasser oder von Hand durch einen Benzin-Handanlasser. Im letzteren Fall wurde der Motor zum Ingangsetzen auf Benzinbetrieb mit herabgesetzter Verdichtung geschaltet. Zu diesem Zweck war er mit einer Einrichtung zum Herabsetzen der Verdichtung, einem Hilfsvergaser, einem Magnetzünder und Zündkerzen ausgerüstet. Sobald der Motor bei Benzinbetrieb auf

Stehender Flanschmotor F 1

Stehender Flanschmotor F 2

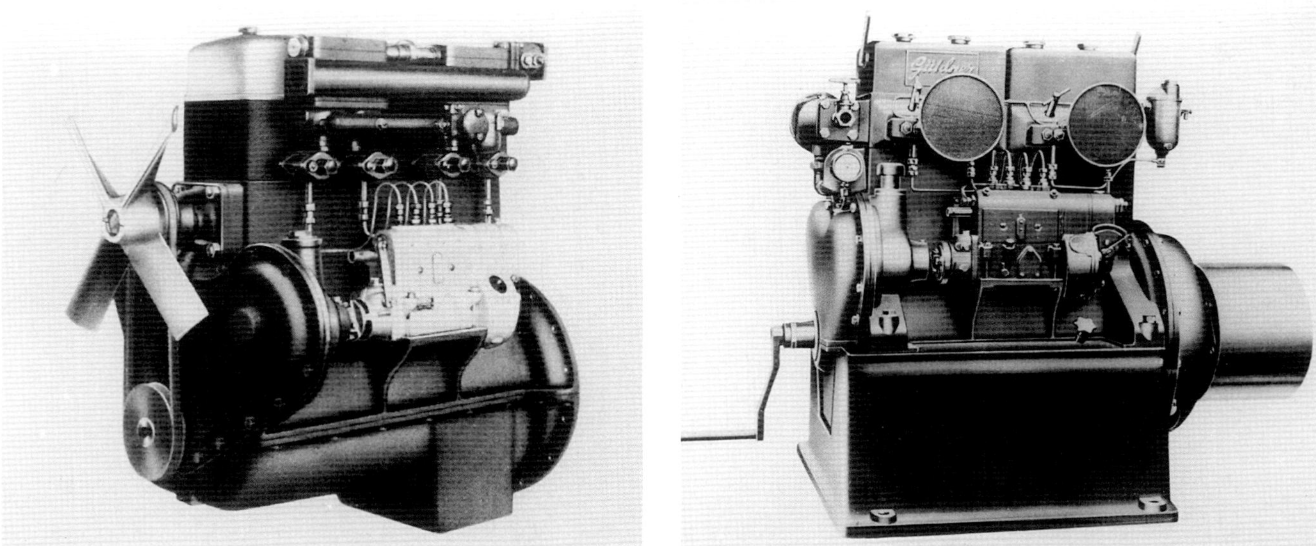

Lanova-Motor T 40 und sein Nachfolger der Wälzkammer-Motor W 50

Güldner A 20 von 1939

Drehzahl gekommen war, wurde auf Dieselbetrieb geschaltet. Die Kraft des Schwungrads überwand dabei die hohe Verdichtung und ermöglichte so das Weiterlaufen des Motors mit Gasöl. Der Motor wurde zunächst nur in geringen Stückzahlen gebaut, erfuhr aber nach Änderung der Verbrennungssysteme unter der Bezeichnung W 50 eine Neuauflage. Hierüber später.

Typen F und 2 F

Im Jahr 1937 brachte man die Motoren-Reihe F und als Zweizylinder-Ausführung 2 F. Diese Motoren leisteten bei 105 mm Bohrung und 150 mm Hub 12 PS pro Zylinder bei 1500 U/min. Die Brennstoffaufbereitung erfolgte nicht mehr nach dem Lanova-Verfahren, sondern nach dem sogenannten „Wälzkammer“ (Wirbelkammer)-Verfahren. Dabei wurde während des Verdichtungshubes nahezu die ganze Luftladung in eine mit dem Zylinder durch einen Kanal verbundene birnenförmige Verbrennungskammer, die sogenannte Wälzkammer, übergeschoben und führte infolge der Form der Wälzkammer in deren kugeligen Teil eine Drehbewegung aus. Auf diese kreisende Luft traf der von der Zapfdüse eingespritzte Kraftstoffstrahl und verbrannte infolge der guten Durchmischung mit der Luft einwandfrei bei mäßigem Druckanstieg. Weitere Kennzeichen waren Bosch-Einspritzpumpe, Glühspirale oder Zündpapier als Starthilfe, Kurbelwelle beim Ein- und Zweizylinder-Motor in zwei Wälzlagern gelagert, spez. Brennstoff- Verbrauch bei Vollast rund 190 gr/PSh. Literleistung 8 PS/l.

In diese Zeit fällt die Entwicklung der neuen Wälzkammer. Aus der birnenförmigen Wälzkammer wurde eine kugelförmige mit verhältnismäßig engem Übertrittskanal. Sie übertraf in ihrer Wirkung die ursprüngliche Kammer wesentlich. Dadurch erhöhte sich die Leistung des Einzylinder-Motors auf 14 PS und die des Zweizylinder-Motors auf 28 PS. So erreichte man nun eine Literleistung von 9,32 PS/l. Die Zweizylinder-Motoren wurden später in die Schlepper verschiedener Hersteller eingebaut.

Durch den Einbau dieser Wälzkammer und gleichzeitiges Aufbohren von 105 auf 115 mm konnte die Leistung des 1-F-Motors von 14 auf 20 PS gebracht werden. Dieser Motor

Entwicklung der F-Serie

Ursprüngliche Wälzkammer					Neue Wälzkammer	
Motortyp		F	2 F	F	2 F	F aufgebohrt
Leistung in PS	12	24	14	28	20	
Zylinderzahl	1	2	1	2	1	
Drehzahl U/min	1.500	1.500	1.500	1.500	1.500	
Bohrung mm	105	105	105	105	115	
Hub mm	150	150	150	150	150	
Hubraum cm³	1.299	2.598	1.299	2.598	1.558	
eff MD kg/cm²	5,55	5,55	6,47	6,47	7,7	
Literleistung PS/l	9,2	9,2	10,76	10,76	15,4	
Gebaut ab	1937	1937	1938	1938	1938	

Einheits-Motoren 2 E und 2 Z

Type:	2 E	2 Z
Leistung in PS	30	25
Zylinderzahl	2	2
Drehzahl U/min	1.500	1.500
Bohrung mm	100	130
Hub mm	140	150
Hubraum cm³	2.199	3.980
eff MD kg/cm²	7,92	3,76
Literleistung PS/l	13,2	
Gebaut ab	1942	1943

Typenreihe der Vierzylinder-Motoren

Motortyp	E 40 / T 40	W 50	W 50 mit verst. Kurbelwelle
Verbrennungsverf.	Lanova	Wälzkammer	
Leistung in PS	40	45	56
Zylinderzahl	4	4	4
Drehzahl U/min	1.200	1.200	1.500
Bohrung mm	105	105	105
Hub mm	150	150	150
Hubraum cm³	2.598	2.598	2.598
eff MD kg/cm²	5,77		
Literleistung PS/l	7,7	8,65	8,65
Gebaut ab	1935	1938	1938

wurde als erster Güldner-Motor in einen Güldner-Schlepper eingebaut.

Vierzylinder-Type W 50

Die ursprünglich mit Lanova-Einspritzung ausgerüstete Vierzylindermaschine E 40 wurde im Jahr 1938 mit der oben erwähnten neuen Walzkammer versehen und als reiner Dieselmotor angeboten. Unter der Typenbezeichnung W 50 fand sie großen Absatz beim Einbau in Schrapper und Steinbrecher und wurde später – direkt gekuppelt mit Drehstrom-Generatoren – in großen Serien geliefert. Bei 105 mm Bohrung und 150 mm Hub leistete die Maschine 45 PS bei 1200 U/min.

Mit verstärkter Kurbelwelle wurde dieser Motor auch mit 56 PS bei 1500 U/min gebaut. Der Kraftstoff-Verbrauch bei Normalleistung lag zwischen 195 und 200 gr/PSh. Als weitere Kennzeichen seien noch genannt: Dekompressionseinrichtung, dreifach in Gleitlagern gelagerte Kurbelwelle, Kühlwasserumwälz-

Einheitsmotor 2 E

pumpe, Bosch-Einspritzpumpen mit Regler, Zahnradölpumpe.

Einheits-Motor 2 E

Die Bestrebungen der Nationalsozialisten, eine weitgehende Vereinheitlichung der damals in Deutschland gebauten Fahrzeugtypen zu erreichen, traf auch die Firma Güldner. Nach dem Schellplan (so benannt nach dem Generalbevollmächtigten für das Kraftfahrzeugwesen Adolf von Schell, der die Typenbeschränkung durchzusetzen versuchte) sollte die damalige Typenvielfalt eingeschränkt werden. So bekam Güldner 1942 die Auflage, einen sogenannten Einheits-Schlepper-Motor, bei dem die Verschleißteile der Deutz-Type F 2 M 414 zu verwenden waren, herzustellen. Dies führte dazu, daß nach relativ kurzer Zeit der Motor 2 E ins Programm genommen wurde. Dieser hatte bei einer Bohrung von 100 mm und einem Hub von 140 mm einen Hubraum von 2200 ccm. Die Leistung mit 28 PS bei 1500 U/min lag um 6 PS höher als die des Einheitsmotors von Deutz und MWM. Im Güldner-Schepper A 30 sowie im Kramer-Schlepper K 30, wo dieser Motor auch eingebaut wurde, leistete er bei 1600 U/min 30 PS. Da sich aber der Treibstoffmangel immer stärker bemerkbar machte, mußte der Bau der beiden Schleppertypen 1942 eingestellt werden.

Holzgas-Motor 2 Z

Nachfolgend mußte dann ab 1943 ein Holzgas-Motor gebaut werden. Wie schon beim Einheitsmotor mußten auch hier die Verschleißteile mit dem Gasmotor von Deutz übereinstimmen. Dieser mit 2 Z bezeichnete Motor hatte eine Bohrung von 130 mm und einen Hub von 150 mm. Bei einem Hubraum von 3980 cm^2 leistete dieser Motor 25 PS bei 1500 U/min. Ausgerüstet wurde er zusätzlich noch mit einem Holzgas-Generator. Dieser als Einheits-Generator EG 60 bezeichnete Generator wurde, wie bei den Einheits-Motoren üblich, von mehreren Herstellern produziert. Der eigentliche Grundtyp war der von Imbert entwickelte Generator. Die anderen Firmen mußten die Verschleißteile ihrer Generatoren wiederum diesem Grundtyp anpassen. Von diesem Generator-Motor, der wegen der Kriegsereignisse in Gottmadingen bei Fahr gebaut wurde, wurden während des Krieges relativ viele Motoren geliefert. Bis zu diesem Zeitpunkt wurden nach dem Baukastenprinzip weltbekannte und bewährte Dieselmotoren bis zu einer Leistung von 800 PS gebaut.

Beim Wiederaufbau des Werkes 1946 bis 1950 wurde der Entschluß gefaßt, sich auf die Herstellung von kleinen Ein- und Zwei-Zylinder-Dieselmotoren zu spezialisieren. Für diesen Zweck wurde eine moderne Fließbandfertigung mit vielen automatisch arbeitenden Einzweckmaschinen installiert und die Produktion von wassergekühlten Motoren mit einer Leistung von 6 bis 36 PS aufgenommen.

Die wassergekühlten Zweizylinder-Serien 2 D 15, 2 DA, 2 K, 2 BN und 2 FN

Im Jahr 1949 wurde der Motor 2 D 15 entwickelt, der bei 85 mm Zylinderbohrung, 115 mm Hub und 1800 U/min eine Höchstleistung von 17 PS mit Kühler und Ventilator abgab. Der Motor lief in Wälzlagern, war mit der neuen Wälzkammer ausgerüstet und hatte als Brennstoffpumpe die bei den liegenden Maschinen

Holzgas-Motor 2 Z

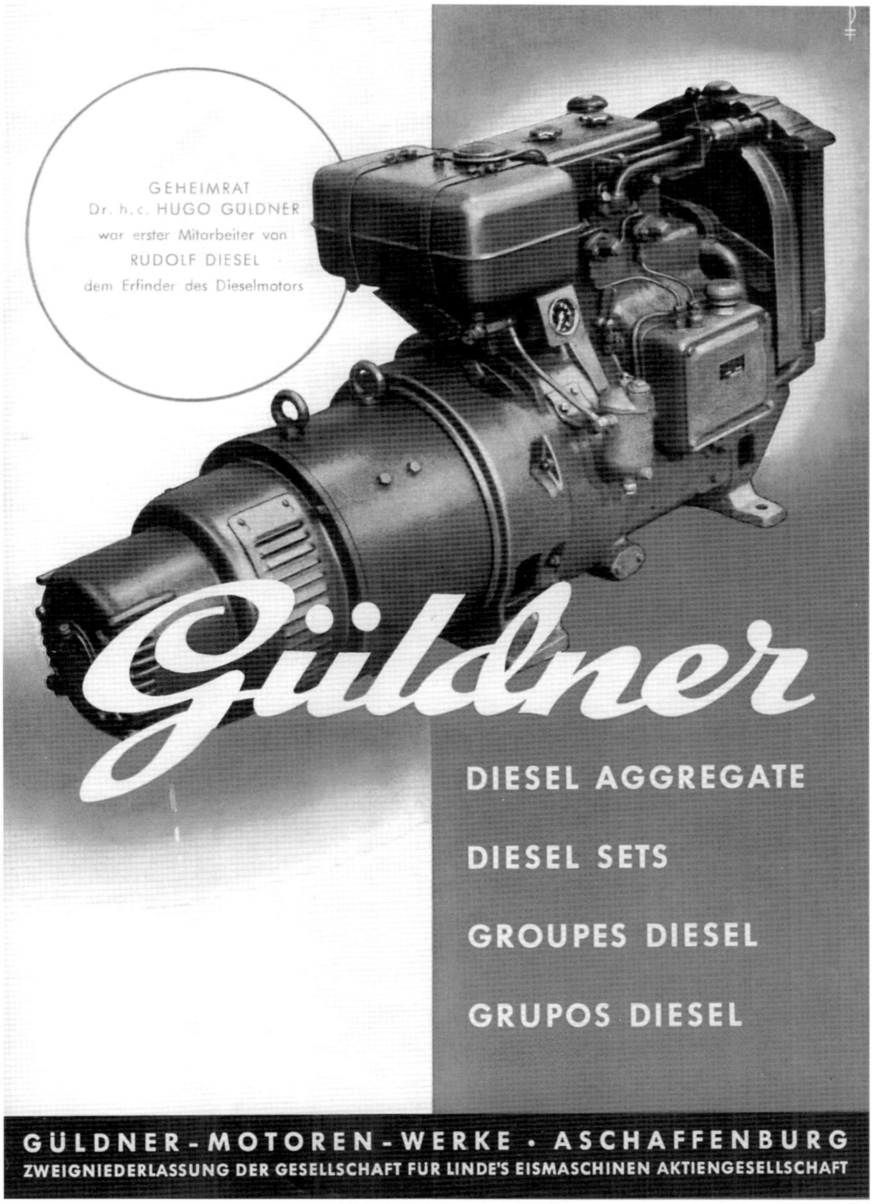

Zweizylinder-Motor 2 DN

Zweizylinder-Motor 2 BN

Typenreihe der 2-Zyl.-Motoren mit Wälzkammer-Verfahren

Type:	2 D 15	2 DA	2 FN	2 K/KN	2 DN	2 BN
Leistung in PS	17	22	35	12/14	16	22-25
Zylinderzahl	2	2	2	2	2	2
Drehzahl U/min	1800	1800	1800	2000	1800	1800
Bohrung mm	85	95	105	75	85	95
Hub mm	115	115	140	115	115	130
Hubraum ccm	1304	1630	2423	883	1304	1840
eff MD kg/qcm	6,52	6,75	7,23	6,4		6,52
Literleistung PS/l	13	13,5	14,45	14,22		13,1
Gebaut ab	1949	1951	1952	1953	1953	1954

Einzylinder-Motor 1 DA

Type:	1 DA
Leistung in PS	12
Zylinderzahl	1
Drehzahl U/min	2000
Bohrung mm	95
Hub mm	115
Hubraum ccm	815
eff MD kg/qcm	6,62
Literleistung PS/l	
Gebaut ab	1952

Überarbeitete 2-Zyl.-Motoren

Type:	2 DNS	2 BS
Leistung in PS	20	25
Zylinderzahl	2	2
Drehzahl U/min	2200	1800
Bohrung mm	85	95
Hub mm	115	130
Hubraum ccm	1304	1840
eff MD kg/qcm	6	6
Literleistung PS/l	15,3	13,6
Gebaut ab	1958	1958

Zweizylinder Motor 2 BS mit freiliegender Einspritzanlage

Zweizylinder-Motor 2 D 15. Gut zu erkennen ist die gekapselte Einspritzanlage

bewährte Pumpe mit Drosselregulierung. Da dieser Motor sich als recht zuverlässig erwiesen hatte, wurde 1951 seine Bohrung auf 95 mm erweitert. Bei gleichem Hub hatte der mit 2 DA bezeichnete Motor nun 1630 ccm und leistete bei 1800 U/min 22 PS.

Zur Abdeckung der unteren Leistungsklasse bot Güldner den DA-Motor ab 1952 auch als Einzylinder-Motor an. Seine Höchstleistung wurde mit 12 PS bei 2000 U/min angegeben. Ebenfalls 1952 folgte der Motor 2 FN. Er hatte eine Bohrung von 105 mm und einem Hub von 140 mm. Mit seinem Hubraum von 2423 ccm leistete dieser Motor 35 PS bei 1800 U/min. 1953 folgten die Motoren 2 K/2 KN. Ersterer hatte Wälzlager und leistete bei 2000 U/min 12 PS. Der zweite hatte 14 PS bei 2100 U/min und war mit Gleitlagern ausgestattet. Beide hatten einen Hubraum von 885 cm2. Der dritte Motor, der in diesem Jahr serienreif wurde, war der 2 DN. Er hatte 1304 cm2 und leistete 16/17 PS bei 1800 U/min. Diesem folgte 1954 der 2 BN mit 1840 ccm Hubraum. Seine Leistung von 24 PS erreichte er bei 1800 U/min und ersetzte den bis dahin gebauten 2 DA.

Die Typen 2 DN und 2 BN wurden ab 1957 auch mit dem M-Verfahren ausgerüstet und an die MAN-Nürnberg mit der Bezeichnung 2 DM bzw. 2 BM geliefert. Die Type 2 DM leistete max. 18 PS bei 1800 U/min, die Type 2 BM 25 PS bei 1800 U/min. 1958 wurde die Leistung des 2 DN erhöht. Bei 2200 U/min leistete dieser nun mit 2 DNS bezeichnete Motor 20 PS. Auch wurden die bis dahin eingebauten Wälzlager durch Gleitlager ersetzt. Unterscheiden konnte man den Motor 2 DN vom 2 DNS an der Einspritzanlage der rechten Motorseite (in Fahrtrichtung gesehen). Beim 2 DN war sie unter einem Deckel geschützt, beim 2 DNS war sie offen am Motor angebracht. Weiterhin ersetzte Güldner den 2 BN durch den 2 BS. Wie der 2 DNS hatte auch er, statt der Wälzlager, Gleitlager eingebaut. Alle anderen Daten waren mit dem 2 BN identisch.

Luftgekühlte Diesel-Motoren

Zu Beginn der fünfziger Jahre nahm die Nachfrage nach luftgekühlten Dieselmotoren zu. Bis dahin hatte sich schon der luftgekühlte Ottomotor in der Luftfahrt- und Zweiradtechnik seinen Platz erobert. Schnellaufende kleinere Dieselmotoren für Kraftfahrzeuge und Gewerbe baute man zunächst ausschließlich wassergekühlt. Viele mechanische und verbrennungstechnische Probleme waren noch nicht zufriedenstellend gelöst, und man befürchtete durch Hinzuführung der Luftkühlung eine weitere Komplizierung. Trotzdem hat es nicht an Versuchen gefehlt, luftgekühlte Dieselmotoren zu entwickeln. Es sei an Konstruktionen von Krupp, Phänomen, Tatra und Puch aus den dreißiger Jahren erinnert, die sich merkwürdigerweise um den schwierigsten Einbau, nämlich in Kraftfahrzeuge, bemühten. Dort kommt es auf hohe Literleistung und geringe Geräusche an. Bedingungen, die zur damaligen Zeit nicht erfüllt werden konnten.

Zunehmende Erfahrungen auf allen Gebieten des Motorenbaus ließen jedoch nach dem zweiten Weltkrieg die Zeit für den Bau luftgekühlter Gebrauchsmotoren als reif erscheinen. Viele Dieselmotorenhersteller im In- und Ausland begannen, luftgekühlte Dieselmotoren zu entwickeln und konnten diese mit bestem Erfolg einführen. Man baute wasser- und luftgekühlte Motoren mit oftmals gleichen Teilen nebeneinander, um das mögliche Risiko zu verteilen.

Die luftgekühlte Serie 2 LK, 2 LKN, 2 LD und 2 LB

Um das bestehende Bauprogramm zu ergänzen, entwickelte Güldner ab 1954 drei luftgekühlte Zweizylinder-Motoren. Äußerlich gleich, jedoch mit verschiedenen Zylinderdurchmessern und Hüben konstruiert, deckten diese luftgekühlten Motoren das Leistungsspektrum von 6 bis 26 PS ab. Durch viele genormte Baugruppen konnten die Motoren auf den bestehenden Einrichtungen sehr rationell hergestellt werden. Sie besaßen alle ein Schwungradgebläse mit seitlichem Lufteintritt ins Motorgehäuse, Alfinzylinder und den Brennraum im Kolben.

Bei der Entwicklung dieser luftgekühlten Motoren spielte die optimale Auslegung der Kühlluftgebläse eine bedeutende Rolle. Aus rein technischer Sicht kam die Forderung, die zur Motorkühlung erforderliche Luftmenge mit minimalem Leistungsaufwand zu fördern. Wirtschaftliche Gründe zwangen jedoch dazu, den baulichen Aufwand für das Gebläse und dessen Antrieb auf ein Minimum zu beschränken, da im Hinblick auf die sich verschärfende Wettbewerbslage die Motor-Herstellungskosten gesenkt werden mußten. Bei den serienmäßigen luftgekühlten Güldner-Dieselmotoren wurde für die Kühlluft-Förderung ausschließlich das im Aufbau besonders einfache Schwungradgebläse verwendet. Hierbei war die Gebläsebeschaufelung direkt in den Schwungradkranz eingegossen. Damit blieb der preisliche Aufwand in einem akzeptablen Rahmen und außerdem wurde eine funktionsmäßig durchaus befriedigende Lösung für Schlepper- und Einbaumotoren von der Ein- bis zur Dreizylinder-Ausführung gefunden.

Von Vorteil war, daß es anbaumäßig nicht besonders auffallend in Erscheinung trat und damit der Motorumriß im Querschnitt nicht verbreitert wurde. Dies war speziell für den Einbau im Ackerschlepper bezüglich der schmal und symmetrisch zu haltenden Motorhaube wichtig. Ein weiterer Vorzug des Schwungradgebläses war seine Zwangsläufigkeit im Antrieb, weshalb sich eine Sicherheitsvorrichtung erübrigte deren Zweck bei Keilrie-

Luftgekühlter Einzylinder-Motor LC

Luftgekühlter Einzylinder-Motor LK mit angebautem Getriebe

Luftgekühlter Zweizylinder-Motor 2 LD

Luftgekühlter Einzylinder-Motor LK mit Anlasser

Luftgekühlte Zweizylinder-Reihe 2 LK, 2 LKN, 2 LD und 2 LB

Motortyp	2 LK	2 LKN	2 LD	2 LB
Leistung in PS	12	13/14	17	22
Zylinderzahl	2	2	2	2
Drehzahl U/min	2000	2300/2475	2.000	1.800
Bohrung mm	75	75	85	95
Hub mm	100	100	115	130
Hubraum cm^3	885	885	1.305	1.840
Gebaut ab	1955	1956	1954	1955

Überarbeitete luftgekühlte Zweizylinder-Reihe 2 LKN, 2 LD und 2 LB

Motortyp	2 LKN	2 LD	2 LB
Leistung in PS	15	20	25
Zylinderzahl	2	2	2
Drehzahl U/min	2.590	2.200	2.000
Bohrung mm	75	85	95
Hub mm	100	115	130
Hubraum cm^3	885	1.305	1.840
eff MD kg/cm^2	6,47	6,27	6,1
Literleistung PS/l	17,9	15,3	13,6
spez. Drehzahl ns	6.750	6.950	7.060
Gebaut ab	1958	1958	1958

Luftgekühlte Einzylinder-Motoren

Motortyp	LK	LKA	LX	LC	LCA
Leistung in PS	8	9	11	5	6
Zylinderzahl	1	1	1	1	1
Drehzahl U/min	3.000	3.000	2.500	3.000	3.000
Bohrung mm	75	80	90	65	70
Hub mm	100	100	105	80	80
Hubraum cm^3	442	500	636	265	307
eff MD kg/cm^2	5,45	5,38	5,9	5,65	5,8
Literleistung PS/l	18,22	19,3	16,43	18,9	19,35
spez. Drehzahl ns	8.470	9.000	8.300	6.700	7.350
Gebaut ab	1957	1959	1956	1957	1959

Dreizylinder-Motoren 3 LKN und 3 LKA

Motortyp	3 LKN	3 LKA
Leistung in PS	24	24
Zylinderzahl	3	3
Drehzahl U/min	2.600	2.600
Bohrung mm	75	80
Hub mm	100	100
Hubraum ccm	1.325	1.510
eff MD kg/qcm	6,3	5,75
Literleistung	18,2	16,6
spez. Drehzahl ns	7.350	7.500
Gebaut ab	1958	1961

menantrieb eines gesonderten Gebläses darin bestand, den Motor automatisch abzustellen, wenn der Keilriemen abgesprungen oder gerissen war. Wesentlich war weiterhin, daß das Schwungradgebläse durch den Wegfall der Leitschaufeln keinerlei Geräuschbelästigung verursachte. Leitschaufeln sind beim Axialgebläse normalerweise zur Erzielung eines guten Wirkungsgrades vorgesehen.

Üblicherweise wurde beim Schwungradgebläse die Luft an der motorabgewandten Seite des Schwungrads angesaugt. Das erforderte, beispielsweise beim direkt mit dem Getriebegehäuse verbundenen Schleppermotor, entsprechende Ansaugöffnungen in der Kupplungsglocke, die sich festigkeitsmäßig nachteilig ausgewirkt hätten. Auch hätten sie zu einer verstärkten Verschmutzung des Kühlluftsystems geführt, da sie in der Staubbeaufschlagungszone der Vorderräder angebracht worden wären.

Aus diesen Gründen, sowie zur guten Versteifung des beim Schleppermotor zum Tragsystem gehörenden Kurbelgehäuses durch eine Doppelwand, wird die Kühlluft bei den Güldner-Motoren an der motorzugewandten Seite des Schwungrads seitlich über ein großflächiges Sieb angesaugt und zwischen dieser Doppelwand über eine Durchbruchsöffnung der Innenseite des gebläsebeschaufelten Schwungradkranzes zugeleitet.

Durch die Beaufschlagung der inneren Gehäusewand mit der in Längsrichtung des Motors vorbeiströmenden Luft trug diese Anordnung gleichzeitig zur teilweisen Kühlung des Schmieröles bei. Am Dreizylindermotor wurde im vorderen Bereich dieser Ansaugöffnung noch die Einspritzpumpe, die hierdurch ebenfalls gekühlt wurde, eingebaut.

Die Type 2 LKN wurde ab 1957 für die MAN-Nürnberg mit dem M-Verfahren ausgerüstet und leistete max. 14 PS bei 2300 U/min. Typenbezeichnung 2 LKM.

1958 überarbeitete Güldner die Motoren 2 LD und 2 LB. Sie erhielten nun Gleitlager, und durch die Verbesserungen im Verbrennungssystem erhöhte sich die Leistung der Motoren. Zusätzlich waren sie nun mit Ölkühlern ausgerüstet.

Luftgekühlte Einzylinder-Motoren

Zur Ergänzung der Zweizylinder-Serie wurden in den Jahren 1956 und 1958 drei Einzylinder-Motoren entwickelt, nämlich die Typen LK, LX und LC. Die Baumuster LK und LC wurden nach zwei Jahren aufgebohrt (LKA und LCA).

Die Typen LK bzw. LKA und LX gleichen in ihrem Aufbau den luft-

Der Dreizylinder-Motor 3 LKN war der größte luftgekühlte Motor von Güldner mit Schwungradgebläse

gekühlten Zweizylinder-Motoren. Darunter fällt u.a. das Schwungradgebläse, der Brennraum im Kolben, der Alfinzylinder, die Andrehmöglichkeit von Hand an der Nockenwelle und die doppelwandige Ausbildung des Kurbelgehäuses. Die Motordrehzahl wurde mit Ausnahme der Type LX auf 3000 U/min. gebracht.

Das Baumuster LC bzw. LCA ist gekennzeichnet durch die Anordnung der Wirbelkammer im Leichtmetall-Zylinderkopf und durch die Ausführung des Grauguß-Zylinders in einem Stück mit dem Kurbelgehäuse. Die Kühlung erfolgt wie bei den übrigen Einzylinder-Motoren durch Schwungradgebläse. Die Kraftabnahme kann sowohl am Schwungrad, als auch vorne an der Kurbelwelle erfolgen. Für die Abnahme an der Kurbelwelle standen Über- und Untersetzungen zur Verfügung.

Der luftgekühlte Dreizylinder-Motor 3 LKN

Im Jahr 1958 wurde aus dem Zweizylinder-Motor 2 LKN mit 75 mm Bohrung und 100 mm Hub die Dreizylinder-Ausführung 3 LKN entwickelt. Wie sein Vorbild war auch er mit einem Schwungradgebläse ausgerüstet und sowohl zum Einbau in Ackerschlepper, als auch für andere Verwendungsmöglichkeiten ausgelegt.

Der luftgekühlte Dreizylinder-Motor 3 LKA

Probleme beim 3 LKN veranlaßten eine Überarbeitung dieses Typs. So vergrößerte Güldner die Bohrung von 75 auf 80 mm. Die Höchstleistung blieb bei 25 PS.

Die luftgekühlte Baureihe L 79

Als man 1957 den 2-FN-Motor aus der Fertigung nahm, hatte dies noch keine größeren Auswirkungen auf den Schlepperbau. Die damals gängigen Leistungsklassen reichten bis etwa 30 PS. Diese konnte man mit den vorhandenen Motoren-Typen bedienen und für die wenigen Fahrzeuge, die darüber benötigt wurden, nahm man einen Motor des Konkurrenten Perkins.

Nachdem aber diese Kombination nicht die in Sie gesetzten Erwartungen erfüllte und sich abzeichnet, daß die Leistung der Schleppermotoren immer weiter nach oben steigt, begann Güldner mit der Entwicklung einer neuen Motoren-Reihe. Das bedurfte großer Aufwendungen, und so dauerte es bis zur Serienreife mehrere Jahre.

Die Gesichtspunkte nach denen eine Motorenkonstruktion ausgelegt wird, bestimmen in der Regel die Forderungen und Wünsche der Verbraucher. So sind die Punkte Betriebssicherheit, Kaltstart, Preis, Geräusch, Lebensdauer, Betriebskosten, Leistung und Drehmomentverlauf, Einbauraum, Gewicht, Reparaturfähigkeit und letztendlich das äußere Erscheinungsbild maßgebend.

Die in den vorangegangenen Jahren mehrfach unternommenen Versuche, wasser- und luftgekühlte Motoren in einer gemeinsamen Motorenreihe zusammenzufassen, waren auf Dauer nicht ausführbar. Der harte internationale Wettbewerb verlangte eine kompromißlose Konstruktion. So mußte, sollte nicht eine Bauart durch die Eigenarten der anderen belastet und damit unwirtschaftlich werden, ein wassergekühlter Motor speziell auf Wasserkühlung und ein luftgekühlter Motor auf Luftkühlung hin entwickelt werden.

Die luftgekühlte Baureihe mit 2 L 79 ...

3 L 79 ...

und 6 L 79

Die von Güldner hergestellten Motoren fanden überwiegend in der Landwirtschaft und im Baugewerbe Verwendung. In diesem Verbraucherkreis hatte sich die Wartung eines Wasserkreislaufes als störend herausgestellt, denn diese Motoren wurden oftmals von verschiedenen Personen mit nicht immer ausreichendem Maschinenverständnis bedient. Unter Abwägung der Vor- und Nachteile beider Kühlungsarten entschloß sich Güldner, im Interesse einer universellen Verwendbarkeit, die neue Motorenreihe L 79 mit Luftkühlung zu bauen.

Die gebührende Beachtung der thermischen Probleme erfordert, daß vor Beginn der eigentlichen Entwicklungsarbeit die Frage entschieden sein muß, nach welchem der bekannten Verbrennungsverfahren (Vorkammer - Wirbelkammer – direkte Einspritzung) der Motor arbeiten soll. Jedes dieser Verfahren hat seine Existenzberechtigung bewiesen und verleiht dem Motor ganz bestimmte Eigenschaften.

Bei schnellaufenden Motoren mit kleinen Zylindern dominieren heute die Wirbelkammer und deren Abarten, bei mittleren und großen Zylindern finden wir meist die direkte Einspritzung.

Die Güldner-Motoren-Werke erprobten im Verlaufe ihres 60jährigen Bestehens nahezu lückenlos alle bekannten Verbrennungsverfahren. Aus der Vergangenheit lagen aus dem Parallelbau von schnellaufenden, wasser- und luftgekühlten Dieselmotoren mit fast gleichen Zylindermaßen umfassendes Vergleichsmaterial und viele wertvolle Erfahrungen vor.

Seit Beginn ihrer Entwicklung wurden Hubkolbenmotoren mit den verschiedensten Zylinderanordnungen entworfen und gebaut. Abgesehen vonMotoren für Spezialzwecke, hat sich der Motor mit stehenden Zylindern durchgesetzt. Dazu kommt, daß bei stehenden Motoren auf ganz natürliche Weise eine so hohe Steifigkeit des Motorgehäuses erzielt wird, daß bei Ackerschleppern der Motor als mittragendes Element verwendet werden kann.

Aus Rationalisierungsgründen und unter dem Gesichtspunkt der Fertigung und Ersatzeil-Versorgung entschied man bei der Konstruktion der Baureihe L 79, den Motor als Reihen-Motor zu konstruieren. Dazu wurde die Normung bis zum äußersten vorangetrieben, so daß sich für die fünf Motoren der Reihe eine relativ geringe Variationszahl an Konstruktionsteilen ergab.

Die Motoren der Reihe L 79 waren zum Einbau in Ackerschleppern, Baumaschinen, Sonderfahrzeugen, Booten, Stromerzeugern, Pumpenaggregaten und als Industriemotoren vorgesehen. Dieser Vielzahl von Einbaubedingungen kann man jedoch nicht mit einer starren Konstruktionsart gerecht werden, da manche Bedingungen gegensätzlich sind. Man verwendete deshalb einen Motoraufbau, der es mit einfachen Mitteln gestattete, an einem einheitlichen Rumpfmotor je nach Kundenwunsch unterschiedliches Zubehör anzubauen. Als geeignetste Bauform für größte Variationsmöglichkeit bei geringster Teilezahl erkannte Güldner die offene Bauweise.

Besonderes Augenmerk legte man auf eine zweckmäßige und leicht zugängliche Anordnung zur Bedienung und Wartung der notwendigen Hilfs-Apparaturen. Diese wurden sehr raumsparend angeordnet, da letzten Endes die Einbaumaße des betriebsfertigen, mit allem Notwendigen versehenen Motors, interessieren. Alle zur Bedienung und Wartung nötigen Arbeiten konnten an der in Fahrtrichtung rechts liegenden Motorseite vorgenommen werden. Dies brachte für den Einbau in Fahrzeuge und Geräte viele Vorteile mit sich, brauchte der Motor doch nur von einer Seite zugänglich zu sein. Alle Hilfsaggregate, wie Einspritzpumpe, Anlasser, Lichtmaschine, Kühlluftgebläse, lagen über der Kurbelwellenmitte, so daß die Motoren ohne besonderen Aufwand bis zur Kurbelwellenmitte überflutungssicher waren. Ein Vorteil, den nicht viele Motoren vorweisen konnten. Die in Fahrtrichtung links liegende Motorseite war der Abführung der Kühlluft vorbehalten.

Von der Stirnseite des Motors aus gesehen liegt die Zylindereinheit um 8° von der Senkrechten nach rechts geneigt. Diese Neigung ermöglichte es, trotz Anordnung eines Axialgebläses großen Durchmessers (und dadurch geringerer Drehzahl) und einer reichlich dimensionierten Kühlluftführung, die Breite des Motors gering zu halten. Besonderen Vorteil hatte diese Bauweise beim Einbau der Motoren in Ackerschlepper. Der schmale Motor ermöglicht den Bau einer schmalen Motorverkleidung. Dadurch wurde die Sicht auf die Anbaugeräte und den zu bearbeitenden Boden entscheidend verbessert.

Die Möglichkeiten der Kraftabnahme waren bei den Motoren L 79 zahlreich. Die Kurbelwelle war so stabil, daß an der Schwungrad- und Reglerseite der 1- bis 4-Zylinder-Motoren das volle Drehmoment mit Keilriemen, ohne Zuhilfenahme eines Außenlagers, abgenommen werden konnte. Dies war ein großer Vorteil, da Raum- und Bauaufwand gespart wurden. Weiterhin konnten bei den 1- bis 4-Zylinder-Motoren an der Nockenwelle bis 28 PS mit Keilriemen abgenommen werden (doppeltes Drehmoment, da halbe Motor-Drehzahl). Es bestand ferner bei allen Motoren die Möglichkeit, eine von den Zahnrädern der Steuerung angetriebene Hydraulik-Pumpe anzubringen. Bei Verwendung eines Zwischenflansches konnte das Fabrikat frei gewählt werden. Bei vollhydraulischen Fahrzeugen wurde es oftmals nötig, eine zweite Hydraulikpumpe unterzubringen. Diese konnte im vorliegenden Fall durch einen Keilriementrieb von der Stirnseite des Motors aus angetrieben werden.

Fast alle Motoren der Reihe wurden mit Bosch-Einspritzpumpen ausgerüstet. Diese arbeiten nach dem Prinzip der einfachwirkenden Kolbenpumpe, wobei für jeden Motor-Zylinder ein Pumpenelement vorgesehen war. Die Kolben werden mit unveränderlichem Hub durch Nocken über Rollenstößel angetrieben.

Bei den Stationär-Motoren sprachen verschiedene Gesichtspunkte gegen eine konsequente Typisierung der Einspritzausrüstung. Die Drei-, Vier- und Sechszylinder-Motoren erhielten die oben angesprochene Bosch-Einspritzung. Für die Motoren 1 und 2 L 79 gab es sehr preiswerte Einspritzpumpen, die in das Kurbelgehäuse eingesteckt und durch die Motor-Nockenwelle angetrieben wurden. Sie konnten sehr raumsparend untergebracht werden. Da kein Zahnradantrieb, wie bei den Einspritzpumpen der Drei- bis Sechszylinder-Motoren, nötig wurde, war der Bauaufwand sehr gering. Die Arbeitsweise war jedoch die gleiche. Die Motoren mit 3, 4 und 6 Zylindern sind mit einer Bosch-Reihenpumpe mit eigener Nockenwelle ausgerüstet. Sie wird am Kurbelgehäuse angeflanscht und durch Zahnräder von der Kurbelwelle aus angetrieben. Die Regelung der Drehzahl erfolgte über einen Fliehkraftregler. Die auf Drehzahländerungen ansprechenden Reglergewichte waren an der vorderen Seite des Nockenwellenzahnrades angeordnet. Die gesamte Regulier-Einrichtung war bei allen Motoren der Reihe gleich. Ein Unterschied bestand lediglich im Verbindungsgestänge zur Einspritzpumpe, das entsprechend den zwei Einspritzpumpentypen (Einsteckpumpe und Reihenpumpe) unterschiedlich ausgebildet sein mußte. Die Reguliereinrichtung mit der Verstellvorrichtung für die Reglerfedern wurde im vorderen Gehäusedeckel untergebracht. Zur Herabsetzung der Eigenreibung und zur Erhöhung der Regelgenauigkeit wurden alle den Feder- bzw. den Fliehkräften ausgesetzten Gelenke wälz- oder nadelgelagert. Alle Anlage- und Reibflächen waren gehärtet und geschliffen, so daß die Regulierung ihre Genauigkeit über lange Betriebszeiten hinweg behielt.

Seit 1953 baute Güldner luftgekühlte Ein- bis Dreizylinder-Motoren, bei denen die Kühlluft durch ein Schwungrad-Radialgebläse gefördert wurde. Die Kühlung arbeitete dabei geräuscharm und absolut zwangsläufig, da die Beschaufelung mit dem Schwungrad in einem Stück gegossen war. Die Kühlung des Schmieröles erfolgte auf einfachste Weise. Trotz bester Erfahrungen mit dieser Kühlungsart, die zudem einen geringen Konstruktionsaufwand erforderte, wendete man sie bei der neuen Motorenreihe nicht mehr an. Das hatte folgende Gründe:

a) Schwungrad-Radial-Gebläse lassen sich nur bis zum Dreizylinder-Motor wirtschaftlich und raumsparend bauen. Bei höheren Zylinderzahlen werden das Spiralgehäuse und die Luftzuführung zu den Zylindern wegen der erforderlichen Umlenkung des Luftstromes zu voluminös, so daß sich der Motorumriß gegenüber Motoren mit Axial-Gebläsen vergrößert.

b) Axial-Gebläse arbeiten mit einem besseren Wirkungsgrad. Außerdem erfolgt die Luftzuführung zu den Zylindern mit geringeren Verlusten, da die Strömung nur einmal, im anderen Fall zweimal, umgelenkt werden muß. Diese Gründe fallen bei Motoren mit großem Drehzahlbereich und hoher Gesamtleistung ins Gewicht.

c) Die Anwendung von zwei Gebläsetypen, etwa Schwungradgebläsen von 1 bis 2 Zylindern und Axialgebläsen von 3 bis 6 Zylindern, war aus Gründen einer strengen Typisierung nicht tragbar.

d) Die Anordnung eines Axialgebläses an der Motor-Vorderseite bringt bezüglich der Schwungradausbildung völlige Freiheit. Verschiedene Schwungradtypen können daher bei Motoren unterschiedlicher Zylinderzahl angebaut werden. Die für ein Bauprogramm erforderliche Sortenzahl wurde verringert.

Luftgekühlter Vierzylinder-Motor 4 L 79

Da das Kühlluftgebläse und die Luftzuführung zu den Zylindern die volle Längsseite des Motors beanspruchten, ergab sich zwangsläufig die Anordnung der Gaswechselleitungen auf der gegenüberliegenden Seite (in Fahrtrichtung zur Straßenmitte). Dies ermöglichte die Konstruktion einfacher Abgasleitungen mit Abführung zur Straßenmitte.

Als besonders günstig erwies sich ein an der Vorderseite des Motors angebrachtes Axialgebläse bei Ackerschleppern. Bei diesen wirbeln die Vorderräder in der Regel erhebliche Staubmengen auf. Die Entnahme der Kühlluft erfolgt daher, ohne großen konstruktiven Aufwand, aus der relativ staubfreien Zone vor dem Ackerschlepper. Die Anbringung von Sieben, die grobe Luftverunreinigungen wie Spreu und dergleichen abhalten sollte, war auf billige Weise möglich. Auch bei Aggregat-Motoren stellte das Gebläse an der Motorvorderseite die günstigste Lösung dar.

Bei den Drei- und Vierzylinder-Motoren wurden gleiche Gebläse verwendet. Der unterschiedliche Luftbedarf wurde über die Gebläsedrehzahl geregelt. Das Dreizylinder-Gebläse lief langsamer als das vom Vierzylinder-Motor. Mit Rücksicht auf die Geräuschentwicklung wurden die Gebläse so entworfen, daß die benötigten Luftmengen und Förderdrücke bei relativ niedrigen Drehzahlen erzeugt wurden. Dies verlangte größere Laufrad- und Gehäusedurchmesser, die sich jedoch auf Grund der schrägen Anordnung der Zylindereinheiten mühelos unterbringen ließen.

Während sich aus physikalischen Gründen eine weitere Typisierung der Gebläse nicht durchführen ließ, wurde die Lagerung der Laufräder einschließlich der Dichtelemente vom Ein- bis Sechszylinder-Motor völlig gleich und austauschbar gestaltet. Die Gebläsewelle lief auf Wälzlagern, welche nach außen hin völlig abgedichtet waren. Sie erhielten eine einmalige Füllung mit Spezialfett, so daß keine Wartung nötig wurde. Die Wartung des Gebläses erstreckte sich lediglich auf die Kontrolle der äußeren Sauberkeit und eine gelegentliche Reinigung der Beschaufelung. Der Antrieb erfolgte durch einen Schmalkeilriemen.

Ein Abluft-Sammelschacht wurde bereits in die Grundkonstruktion eingefügt und gehörte zur Normalausrüstung. An diesen Sammelschacht kann der Kunde, entsprechend den jeweiligen Einbauverhältnissen, Verlängerungen anbringen, die ins Freie führen. Es kann aber auch, da der Schacht die äußerste Motorkontur darstellt, die Seitenwand der Motorverkleidung unmittelbar am Sammelschacht liegen.

Alle Motoren der Reihe L79 wurden serienmäßig mit elektrischem Bosch-Anlasser und einer Bosch-Lichtmaschine ausgerüstet. Die Ein- und Zweizylinder-Motoren konnten jedoch auch von Hand angelassen werden, da oftmals der Verwendungszweck des Motors die Unterbringung eines elektrischen Anlassers nicht zuließ. In diesem Fall war es jedoch nötig, Schwungräder mit vergrößertem Schwungmoment anzubauen.

1962 war diese Motoren-Reihe serienreif und wurde mit Leistungen zwischen 12 und 78 PS bei 2500 U/min auf den Markt gebracht.

Luftgekühlte Motoren-Reihe L 79

Motortyp	1 L 79	2 L 79	3 L 79	4 L 79	6 L 79
Leistung in PS	12	25	39	52	78
Zylinderzahl	1	2	3	4	6
Drehzahl U/min	2.500	2.500	2.500	2.500	2.500
Bohrung mm	100	100	100	100	100
Hub mm	100	100	100	100	100
Hubraum cm^3	785	1.570	2.356	3.140	4.712
eff MD kg/cm^2	5,5	5,75	5,97	5,97	5,97
Literleistung PS/l	15,3	15,9	16,6	16,6	16,6
Gebaut ab	1962	1962	1962	1962	1962

Auf den folgenden Seiten lassen wir eine kleine Auswahl von Gülder-Original-Motorprospekten aus der Zeit von 1933 bis 1952 Revue passieren.

Schnittbild des Motors 4 L 79

GÜLDNER
DIESELMOTOREN
TYPE:
KS 20
GÜLDNER-MOTOREN-
WERKE ASCHAFFENBURG
D 245

Sechszylinder-Dieselmotor „Type 6 KS 20"
(Normalausführung)

Vierzylinder-Dieselmotor „Type 4 KS 20"
mit angebauten Kühlwasserpumpen

GÜLDNER
MOTOREN-WERKE ASCHAFFENBURG
Zweigniederlassung der Gesellschaft für Linde's Eismaschinen AG
Zweitakt - Dieselmotoren
ventil- und kompressorlos mit direkter Brennstoffeinspritzung

Dreizylinder-Ausführung 80, 105, 132 und 180 PS

Vierzylinder-Ausführung 176 und 240 PS

Zweitakt-Dieselmotoren mit Kurbelkastenspülung

Typenbezeichnung	S 22	SZ 22	S 30	SZ 30	SD 30	S 36	SZ 36	SD 36	SV 36	SF 36	SS 36
Anzahl der Zylinder	1	2	1	2	3	1	2	3	4	5	6
Normalleistung PSe	**15**	**30**	**27**	**54**	**80**	**44**	**88**	**132**	**176**	**220**	**265**
Umdrehungen in der Minute	520	520	450	450	450	350	350	350	350	350	350
Größte Länge des Motors mm	1500	1950	2100	2600	3100	2300	3000	3700	4400	4850	5300
Größte Breite des Motors mm	950	950	1300	1300	1300	1450	1450	1450	1450	1450	1450
Größte Höhe des Motors mm	1250	1250	1550	1550	1550	1900	1900	1900	1900	1900	1900
Gewicht des Motors, unverpackt ca. kg	950	1700	2000	3100	4150	3100	5000	7400	9600	11800	14000
Raumbedarf der seemäßig verpackten Maschine ca. cbm	1,9	3,6	4,2	6,4	8,6	5,2	7,8	10,8	14	16,9	19
Telegrammwort	Salve	Selam	Salut	Senat	Sihdi	Saldo	Serum	Super	Summa	Sofie	Sodom

Zweitakt-Dieselmotoren mit besonderer Spülluftpumpe

Typenbezeichnung	S 22/G	SZ 22/G	S 30/G	SZ 30/G	SD 30/G	S 36/G	SZ 36/G	SD 36/G	SV36/G
Anzahl der Zylinder	1	2	1	2	3	1	2	3	4
Normalleistung PSe	**20**	**40**	**35**	**70**	**105**	**60**	**120**	**180**	**240**
Umdrehungen in der Minute	520	520	450	450	450	350	350	350	350
Gewicht des Motors, unverpackt kg	1150	1900	2250	3450	4530	3400	5540	8030	10510
Telegrammwort	Sgein	Sgezu	Sgalu	Sgabo	Sgimo	Sgela	Sgori	Sgupi	Sgaki

Sämtliche Modelle werden auch als Schiffsmaschinen gebaut.

Zu jedem Motor werden mitgeliefert:

Je 1 Auspufftopf pro Zylinder, 1 Brennstoffbehälter mit Filter u. Brennstoffleitung zum Motor, 1 Satz Fundamentschrauben, 1 Satz Schraubenschlüssel, 1 Kolbenöse, 1 Ölkanne, je ein Satz Dichtungen und Federn.

Maß- und Gewichtsangaben sind unverbindlich.

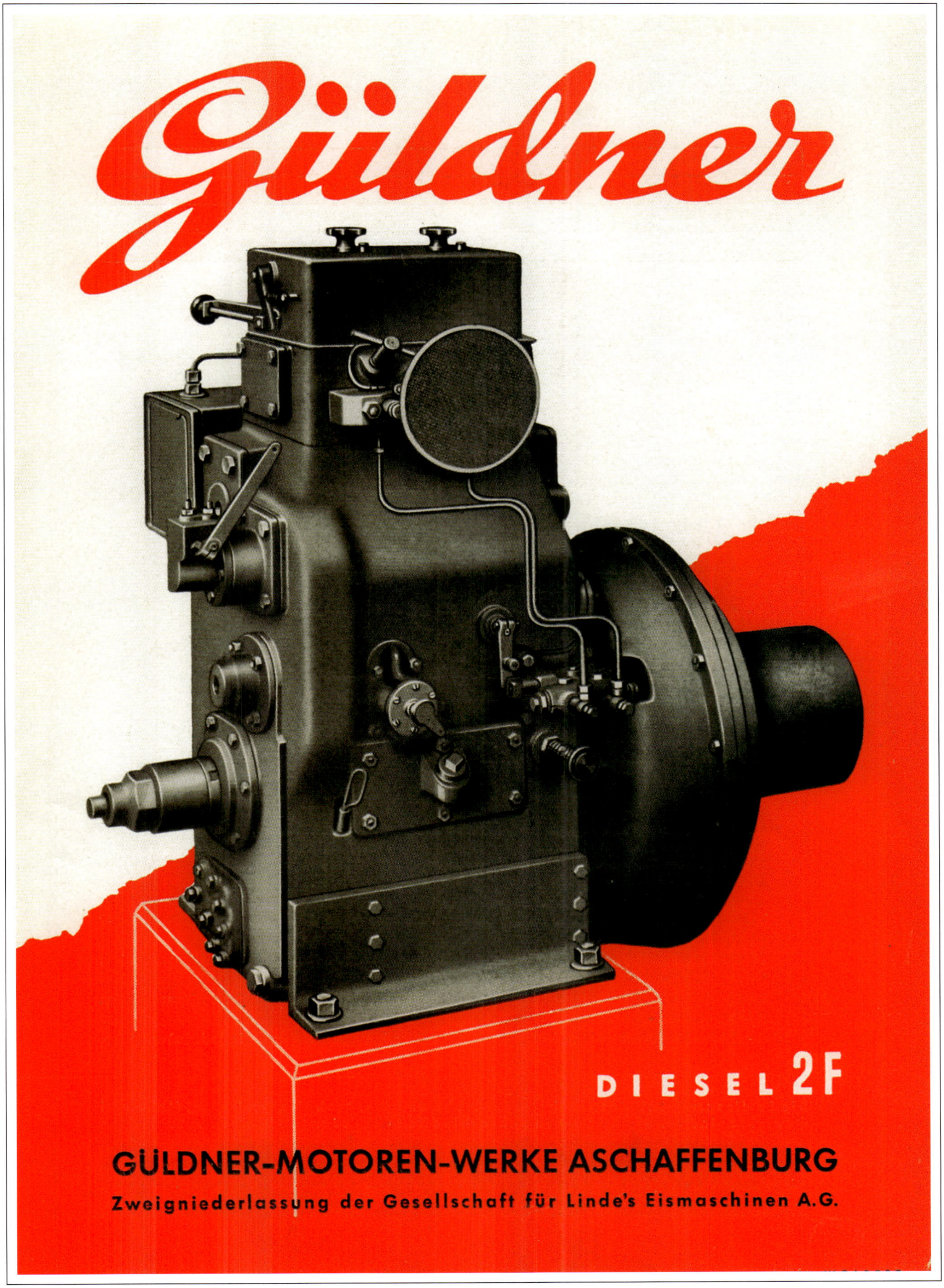
Güldner
DIESEL 2F
GÜLDNER-MOTOREN-WERKE ASCHAFFENBURG
Zweigniederlassung der Gesellschaft für Linde's Eismaschinen A.G.

Güldner-Dieselmotoren erwarben sich Weltruf als Verbrennungskraftmaschinen von höchster Wirtschaftlichkeit und Betriebssicherheit

Güldner

DIESEL **2F**

Dauerleistung:	PS	28	24	18
Drehzahl	Umdr./Min.	1500	1250	1000
Fahrzeugleistung:		30 PS bei 1500 Umdr./Min.		
Die vorgenannten Leistungen sind vorübergehend bis 10 % steigerbar				

Beschreibung:

Stehender Zweizylinder-Viertakt-Dieselmotor, mustergültig durchgebildete Konstruktion auf Grund jahrzehntelanger Erfahrungen. Vollkommen staub- und öldicht geschlossenes Triebwerk, auswechselbare Zylinderbüchse aus Spezialguß, Leichtmetallkolben, aus einem Stück geschmiedete Kurbelwelle, Rollenlagerung, Schmierölpumpe, Drehzahlverstellmöglichkeit in weiten Grenzen.

Besondere Vorzüge:

Größte Ausnützung des Brennstoffs durch Anwendung eines besonderen Wälzkammer-Verbrennungsverfahrens mit hoher Literleistung.
Vollkommene Verbrennung, also kein Verschmutzen der Kolbenringe und Ventile durch Verbrennungsrückstände.
Langsamer Druckanstieg und niedrige Verbrennungsdrücke, also ruhiger Gang der Maschine bei Schonung des Triebwerkes.

Sicheres Zünden beim Anfahren. Die Ventile liegen abseits der Stichflamme, sind also gegen unzulässige Wärmebeanspruchung geschützt.
Die Zapfendüse mit großem Ringquerschnitt ist am ganzen Umfang gut und gleichmäßig gekühlt.

Verwendungsmöglichkeiten:

Als Antriebskraft für industrielle, gewerbliche und landwirtschaftliche Betriebe.

Als Einbaumotoren für fahrbare Arbeitsmaschinen, für Lokomotiven, Straßen- und Ackerschlepper, Baumaschinen usw.

In Sonderausführung als Hilfs- und Antriebsmaschine für Schiffe sowie als komplette Aggregate in Verbindung mit Stromerzeuger, Pumpen, Kompressoren.

Normaler Lieferungsumfang: Motor mit einem Gewerbeschwungrad, 530 mm ⌀, 125 mm Breite, 1 Riemenscheibe 320 mm ⌀, 240 mm Breite, am Motor angebauter Brennstoffbehälter, Durchfluß- oder Umlaufkühlung, Brennstoff-, Schmieröl- und Luftfilter, Drehzahlverstellvorrichtung, Auspufftopf, Andrehkurbel, Fundamentwinkel, Ersatzteile und Werkzeuge.

Brennstoffverbrauch: 195 g bei Vollast pro PSe/Std. bezogen auf Gasöl von 10000 WE/kg unterem Heizwert und einem spez. Gewicht von 0,83 bis 0,88 bei 15° C. Garantie mit 10 % Toleranz. Brennstoffbehälterinhalt ca. 14 Liter.

Schmierölverbrauch pro PS/Std. 3–5 g (ohne Gewähr) bezogen auf die Nennleistung bei Wiederverwendung des gereinigten Öles. Erstmalige Auffüllung ca. 6 Liter.

Kühlwasserverbrauch für Durchflußkühlung bei 10° C Zuflußtemperatur und 55° C Abflußtemperatur ca. 16 Liter pro PSe/Std.

Gewicht und Lademaß netto ca. 650 kg, brutto bahnmäßig ca. 700 kg, seemäßig ca. 800 kg, Lademaß ca. 1,4 cbm.

Die in diesem Druckblatt enthaltenen Abbildungen, technischen Daten, Maße und Gewichte sind für die Ausführung unverbindlich · Änderungen bleiben vorbehalten

GÜLDNER-MOTOREN-WERKE ASCHAFFENBURG

ZWEIGNIEDERLASSUNG DER GESELLSCHAFT FÜR LINDE'S EISMASCHINEN A.G.

NR. 9

Stürtz AG. Würzburg

2 D 15
Güldner
DIESEL
2 F
GÜLDNER-MOTOREN-WERKE · ASCHAFFENBURG
ZWEIGNIEDERLASSUNG DER GESELLSCHAFT FÜR LINDE'S EISMASCHINEN AKTIENGESELLSCHAFT

Güldner-Dieselmotoren erwarben sich Weltruf als Verbrennungskraftmaschinen von höchster Wirtschaftlichkeit und Betriebssicherheit

Güldner

DIESEL 2 D 15 UND 2 F

Motortype		2 D 15			2 F		
Normale Dauerleistung ohne Kühler (vorübergehend um 10% überlastbar)	PS	8	13	16	17	24	30
Motorleistung mit Kühlwasserpumpe und Ventilator (vorübergehend 5% überlastbar)	PS	7,5	12	15	16,5	22,5	28
Drehzahl	Umdr./Min.	1200	1500	1800	1000	1250	1500
Schwungrad	ϕ mm		424			530	
	Breite mm		187			175	
Riemenscheibe, doppelt breit,	ϕ mm		200			320	
für ausrückbaren Riemen	Breite mm		200			240	

Beschreibung:

Stehender Zweizylinder-Viertakt-Dieselmotor, mustergültig durchgebildete Konstruktion auf Grund jahrzehntelanger Erfahrungen. Vollkommen staub- und öldicht geschlossenes Triebwerk, auswechselbare Zylinderbüchse aus Spezialguß, Leichtmetallkolben, aus einem Stück geschmiedete Kurbelwelle, Rollenlagerung, Schmierölpumpe, Drehzahlverstellmöglichkeit in weiten Grenzen.

Besondere Vorzüge:

Größte Ausnützung des Brennstoffs durch Anwendung eines besonderen Wälzkammer-Verbrennungsverfahrens mit hoher Literleistung.

Vollkommene Verbrennung, also kein Verschmutzen der Kolbenringe und Ventile durch Verbrennungsrückstände.

Langsamer Druckanstieg und **niedrige Verbrennungsdrücke,** also ruhiger Gang der Maschine bei Schonung des Triebwerkes.

Sicheres Zünden beim Anfahren. Die Ventile liegen abseits der Stichflamme, sind also gegen unzulässige Wärmebeanspruchung geschützt.

Die Zapfendüse mit großem Ringquerschnitt ist am ganzen Umfang gut und gleichmäßig gekühlt.

Verwendungsmöglichkeiten:

Als Antriebskraft für industrielle, gewerbliche und landwirtschaftliche Betriebe.

Als Einbaumotoren für fahrbare Arbeitsmaschinen, für Lokomotiven, Straßen- und Ackerschlepper, Baumaschinen, usw.

In Sonderausführung als Hilfs- und Antriebsmaschine für Schiffe sowie als komplette Aggregate in Verbindung mit Stromerzeugern, Pumpen, Kompressoren.

Normaler Lieferungsumfang: Motor mit einem Schwungrad, Riemenscheibe, am Motor angebauter Brennstoffbehälter, Durchfluß- oder Umlaufkühlung, Brennstoff-, Schmieröl- und Luftfilter, Drehzahlverstellvorrichtung, Auspufftopf, Andrehkurbel, Fundamentwinkel, Ersatzteile und Werkzeuge.

Brennstoffverbrauch bei Vollast, bezogen auf Gasöl von 10 000 WE/kg unterem Heizwert mit 10% Toleranz

		2 D 15	2 F
a) ohne Kühler	g/PS Std.	200	190
b) mit Kühler	g/PS Std.	210	200

Schmierölverbrauch pro PS/Std. 3-5 g (ohne Gewähr), bezogen auf die Nennleistung bei Wiederverwendung des gereinigten Öles. Erstmalige Auffüllung ca. 4,5 Liter bei 2 D 15 und ca. 8 Liter bei 2 F.

Kühlwasserverbrauch für Durchflußkühlung bei 15° C Zuflußtemperatur und 80° C Abflußtemperatur ca. 12 Liter pro PS/Std.

Gewicht und Lademaß:

2 D 15 netto ca. 450 kg, brutto bahnmäßig ca. 480 kg, seemäßig ca. 550 kg, Lademaß ca. 1,0 cbm.

2 F netto ca. 650 kg, brutto bahnmäßig ca. 700 kg, seemäßig ca. 800 kg, Lademaß ca. 1,4 cbm.

Die in diesem Druckblatt enthaltenen Abbildungen, technischen Daten, Maße und Gewichte sind für die Ausführung unverbindlich. — Änderungen bleiben vorbehalten.

GÜLDNER-MOTOREN-WERKE ASCHAFFENBURG

ZWEIGNIEDERLASSUNG DER GESELLSCHAFT FÜR LINDE'S EISMASCHINEN A.G.

Dr. Nr. 421

Druck: Main-Echo-Kirsch Aschaffenburg

Güldner
GÜLDNER DIESELMOTOREN BEWÄHRT UND GESCHÄTZT IN DER GANZEN WELT
DIESEL-MOTOREN

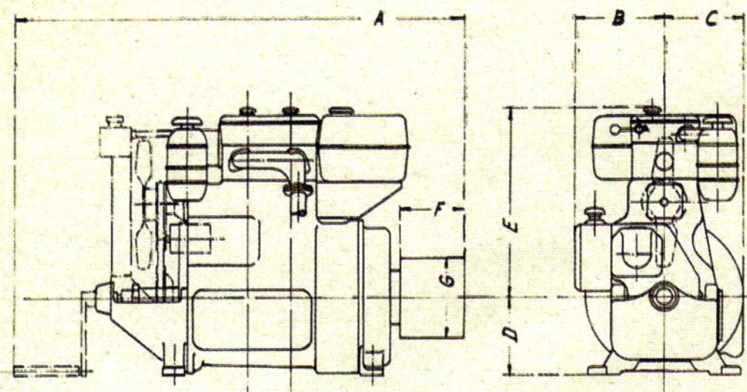

Motor 2D15/2DA (ortsfest)

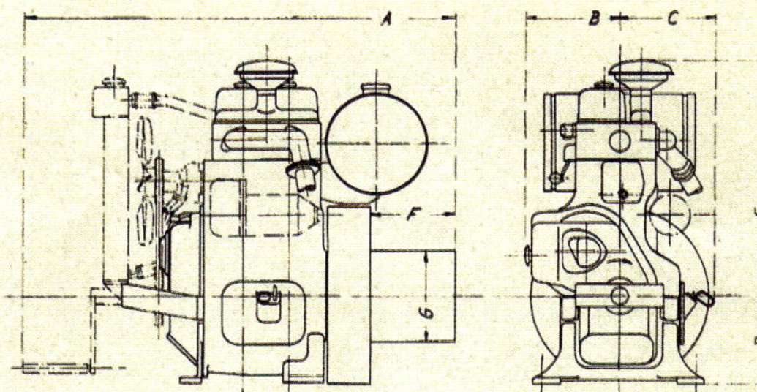

Motor 2FN (ortsfest)

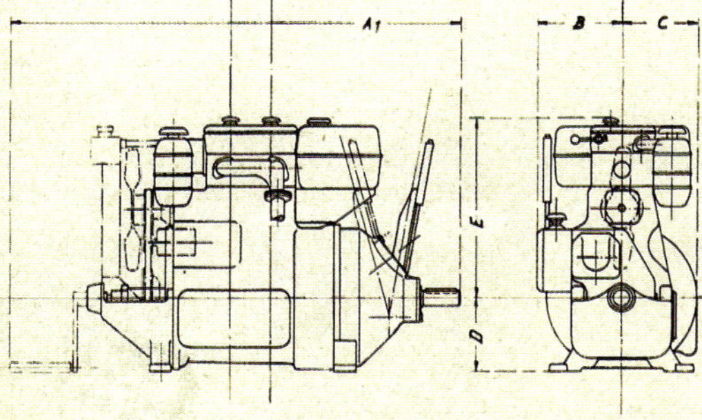

Motor 2D15/2DA (ortsfest) mit eingebauter Ausrückkupplung

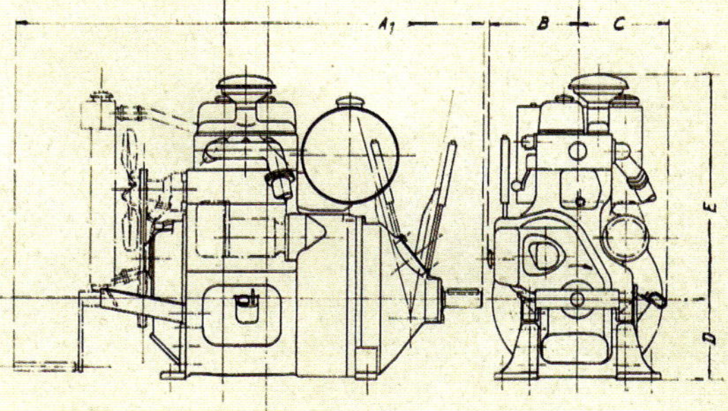

Motor 2FN (ortsfest) mit eingebauter Ausrückkupplung

Einbaumaße für ortsfeste Motoren

Maße in mm

Type	A	A_1	B	C	D	E	F	G
2 D 15	1450	1482	270	240	240	585	250	200
2 DA	1550	1582	270	240	240	600	250	200
2 FN	1242	1427	292	290	260	725	256	280

Motortype	1 DA	2 D 15			2 DA			2 FN		
Normale Dauerleistung ohne Kühler . . . . PS (vorübergehend um 10% überlastbar)	nur als Einbaumotor	9,5	13	16	13	16,5	20	20	26	32
Motorleistung mit Kühlwasserpumpe und Ventilator . . PS (vorübergehend 10% überlastbar)		9	12	15	12	15,5	18	18,5	24	30
Fahrzeugleistung . . . . PS	12	–	–	17	–	–	22	–	–	35
Drehzahl . . . . Umdr./Min.	2000	1200	1500	1800	1200	1500	1800	1200	1500	1800
Zahl der Zylinder	1	2			2			2		
Normales Schwungrad Durchmesser . . . . mm Breite . . . . mm	424 200	424 186			424 236			550 130		
Riemenscheibe, doppelt breit . . . . Durchmesser mm für ausrückbaren Riemen . . . . . . Breite mm	–	200 250			200 250			280 256		
Brennstoffverbrauch bei Vollast, bezogen auf Gasöl von 10 000 WE/kg unterem Heizwert mit 10% Toleranz a) ohne Kühler . . . . g/PS/Std. b) mit Kühler . . . . g/PS/Std.	200 210	200 210			190 210			185 200		
Inhalt des Brennstoffbehälters bei ortsfest. Motor ca. Liter	–	20			20			30		
Schmierölverbrauch (ohne Gewähr) bezogen auf die Nennleistung . . . . . . g/PS/Std.	3 - 5	3 - 5			3 - 5			3 - 5		
Erstmalige Ölfüllung . . . . ca. Liter	3,5	4,5			4,5			8		
Nettogewicht ohne Kühler . . . . ca. kg Nettogewicht mit Kühler . . . . ca. kg	275 –	450 480			480 510			490 520		
Bruttogewicht ohne Kühler . . . . ca. kg Bruttogewicht mit Kühler . . . . ca. kg	355 –	550 580			610 640			610 640		
Lademaß ohne Kühler . . . . ca. cbm Lademaß mit Kühler . . . . ca. cbm	0,9 –	1,0 1,1			1,0 1,1			1,0 1,1		

Die in diesem Druckblatt enthaltenen Abbildungen, technischen Daten, Maße und Gewichte sind für die Ausführung unverbindlich. Änderungen bleiben vorbehalten.
Leistungs- und Verbrauchsangaben verstehen sich nur für Aufstellungshöhen bis zu 500 Meter ü. d. M. bei einem Barometerstand von 760 mm und einer Raumtemperatur von 20° C. Bei größeren Aufstellungshöhen u. höheren Temperaturen vermindern sich die Leistungen.

GÜLDNER - MOTOREN - WERKE · ASCHAFFENBURG

ZWEIGNIEDERLASSUNG DER GESELLSCHAFT FÜR LINDE'S EISMASCHINEN AKTIENGESELLSCHAFT

Güldner
Güldner
DIESEL-
MOTOREN
GÜLDNER DIESELMOTOREN BEWÄHRT UND GESCHÄTZT IN DER GANZEN WELT

GW 8 mit Ölbadluftfilter

GW 8 mit Untersetzungsgetriebe und Drehzahlverstellun

GW 15 mit Riemenscheibe

GW 20 mit Riemenscheiben-Ausrückkupplung

Neben den Motoren stehender Bauart haben si
auch die liegenden Güldner-Dieselmotoren dur
ihre hohe Qualität und große Wirtschaftlichkeit
aller Welt bestens eingeführt.

Durch ihre gedrungene und formschöne Bauwei
benötigen sie wenig Raum und eignen sich vo
züglich als Einbaumotoren für ortsveränderlich
Arbeitsmaschinen wie Holzsägen, Schleppern, Wi
den, Betonmischer und andere Baumaschinen.

Robuste Bauart, einfache Bedienung, geringer B
triebsstoffverbrauch und große Zuverlässigke
auch im ununterbrochenen Dauerbetrieb, mache
die liegenden Güldner-Motoren zur idealen Kra
maschine für ortsfeste Verwendung z. B. für Wasse
werke, Pumpstationen, Bewässerungsanlagen,
gewerbliche und industrielle Betriebe sowie
landwirtschaftliche Maschinen und Geräte aller A

Die Kühlungsart kann allen örtlichen Verhältniss
angepaßt werden. Die Motoren können ausg
rüstet werden mit Teilen für Verdampfungskühlur
Durchfluß- und Thermosyphon-Kühlung oder au
mit Wabenkühler.

Außerdem liefern wir komplette Aggregate, or
fest, transportabel und fahrbar mit liegenden M
toren in Verbindung mit Stromerzeugern, Kreis
pumpen, Kompressoren, Schweißgeneratoren u
dergleichen.

Die Motoren können auch zum Antrieb für Schif
hilfsaggregate geliefert werden mit Abnahr
durch eine Klassifikationsgesellschaft.

GW 36

GW 36 mit Kühler

Beschreibung der liegenden Motoren:

Ein- oder Zweizylinder-Viertakt-Dieselmotor, ausgereifte Konstruktion, zweckmäßige Bauform, vollkommen gekapseltes Triebwerk. Große Verschleißfestigkeit durch reichliche Bemessung aller wesentlichen Teile. Erprobtes Einspritzverfahren, niedriger Verbrennungsdruck, sicheres Zünden beim Anfahren, gute Zugänglichkeit zu allen Teilen.

Vorzüge der GW-Motoren:

1. Wälzkammer eigener Entwicklung ergibt beste Brennstoffausnützung.
2. Zylinderbüchse aus chromlegiertem Schleuderguß verlängert die Lebensdauer.
3. Verchromter oberer Kolbenring vermindert Reibung und Verschleiß.
4. Ölbenetztes Luftfilter für die Reinigung der Ansaugluft; für Sonderfälle Ölbadluftfilter.
5. Kurbelwelle aus einem Stück geschmiedet mit Wälzlagern von praktisch unbegrenzter Lebensdauer.
6. Genau abgestimmte Gegengewichte bewirken erschütterungsfreien Lauf.
7. Selbsttätige Umlaufschmierung durch Zahnradölpumpe.
8. Gründliche Schmierölreinigung durch Ölsieb und Spaltfilter.
9. Präzisions-Fliehkraftregler hält konstante Drehzahl auch bei wechselnder Belastung.
10. Gleichmäßig gekühlte Zapfendüse mit großem Ringquerschnitt.

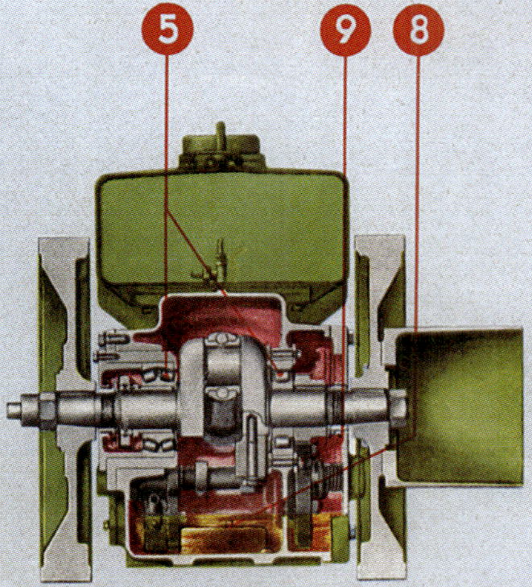

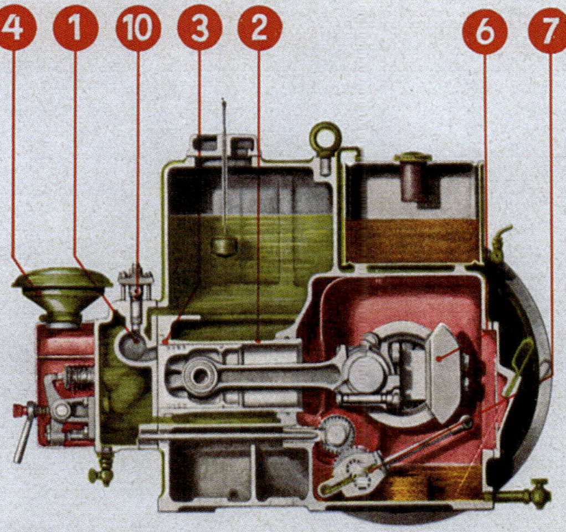

Dr.-Nr. 404

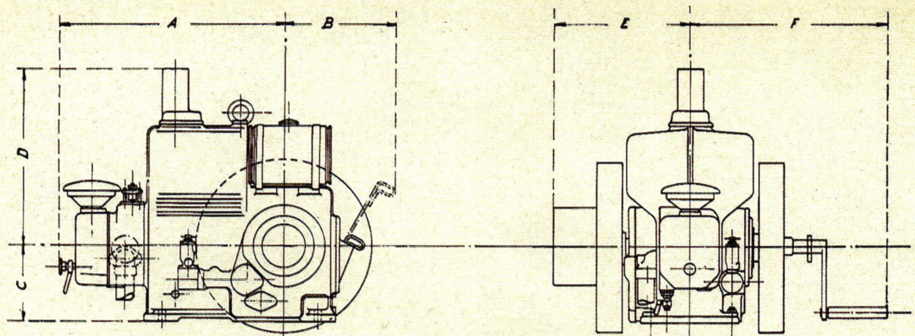

GW8 - GW15 - GW20

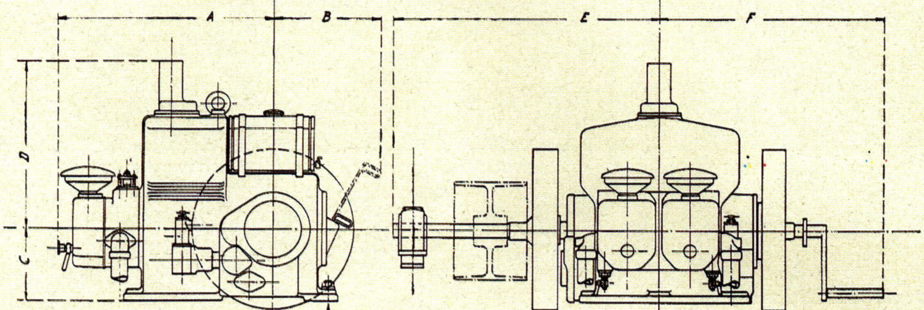

GW36

Einbaumaße für GW-Motoren

Maße in mm

Type	A	B	C	D	E	F
GW 8	581	350	200	345	379	503
GW 15	664	370	240	550	490	612
GW 20	763	380	260	605	543	657
GW 36	763	380	260	605	945	790

Motortype	GW 8				GW 15				GW 20				GW 36			
Normale Dauerleistung PS vorübergehend 10 % überlastbar	8	6,5	4,5	3,5	15	13	10	8	19	16	12	9	36	30	23	17
Drehzahl	1800	1500	1200	1000	1800	1500	1200	1000	1500	1250	1000	850	1500	1250	1000	850
Zahl der Zylinder	1				1				1				2			
Untersetzungsgetriebe	2 : 1				–				–				–			
Schwungräder Durchmesser und Breite mm	450 x 50				550 x 60				580 x 85				580 x 85			
Riemenscheibe Durchmesser und Breite mm	150 x 170				180 x 240				270 x 215				350 x 260			
Brennstoffverbr. je PS/Std. gr. Bei Vollast bezogen auf Gasöl von 10000 WE/kg unterem Heizwert mit 10 % Toleranz	200				195				190				190			
Schmierölverbr. pro PS/Std. gr.	3 - 5				3 - 5				3 - 5				3 - 5			
Inhalt d. Brennstoffbehält. ltr.	11				16				22				27			
Erstm. Schmierölfüllung ltr.	3				4				5				9			
Inh. d. Verdampferaufsatzes ltr.	15				21,5				23				36			
Nettogewicht kg	180				260				550				760			
Bruttogewicht kg	240				320				710				880			
Lademaß m³	0,4				0,5				1,1				1,7			

Die in diesem Druckblatt enthaltenen Abbildungen, technischen Daten, Maße und Gewichte sind für die Ausführung unverbindlich. Änderungen bleiben vorbehalten.

Leistungs- und Verbrauchsangaben verstehen sich nur für Aufstellungshöhen bis zu 500 Meter ü. d. M. bei einem Barometerstand von 760 mm und einer Raumtemperatur von 20° C. Bei größeren Aufstellungshöhen u. höheren Temperaturen vermindern sich die Leistungen.

GÜLDNER - MOTOREN - WERKE · ASCHAFFENBURG

ZWEIGNIEDERLASSUNG DER GESELLSCHAFT FÜR LINDE'S EISMASCHINEN AKTIENGESELLSCHAFT

Schlepperbau bei Güldner

Güldner stellte 1934 den ersten in den eigenen Werkstätten entwickelten Ackerschlepper vor. Er hatte den zuvor schon beschriebenen Vierzylindermotor T 40, der 40 PS leistete, eingebaut. Der mit Eisenbereifung versehene Traktor glich stark dem Fordson und hatte ein Vierganggetriebe mit drei Vorwärtsgängen und einem Rückwärtsgang. Die Geschwindigkeiten reichten von 3 bis 8 km/h. Bei dem T 40 dürfte es sich um einen Prototyp gehandelt haben, denn es sind keinerlei Daten bekannt.

So kam 1938 als erste wirklich in Produktion gegangene Schlepperkonstruktion der A 20 heraus. Dieser Ackerschlepper hatte den Einzylinder-Güldner-Dieselmotor 1F eingebaut, Bohrung 115 mm, Hub 150 mm, was einen Gesamthubraum von 1547 cm^3 ergibt. Der Motor, der auswechselbare Zylinderlaufbüchsen hatte, arbeitete nach dem Wälzkammerverfahren, und leistete 20 PS bei 1500 U/min. Eine trockene Einscheibenkupplung übertrug die Motorkraft auf das Getriebe, mit dem der Schlepper zu einer stabilen Einheit verblockt war. Zum Einbau gelangte einmal das Prometheus-Getriebe ASS 14 und zum anderen das ZP-Getriebe A 12, zwischen denen Geschwindigkeitsunterschiede in den einzelnen Getriebestufen bestanden. Mit dem ASS 14-Getriebe wurden bei einer Hinterradbereifung von 8.00 x 20 die Geschwindigkeiten von 2.9, 4.6, 6.6, und 12.8 km/h erreicht. Bei gleicher Bereifung liegen die Geschwindigkeiten des A 12 Getriebes bei etwa 2.7, 4.8, 8.3 und 15 km/h. Bei beiden Getriebeausführungen wirkt die Fußbremse auf die Hinterräder und die Handbremse auf das Getriebe. Der Wendekreis war mit 7.20 m bei beiden Ausführungen gleich. Zapfwelle, Riemenscheibe und Mähwerk gehörten zur Sonderausrüstung, die auf Wunsch jederzeit möglich war. Den gleichen Schlepper vertrieb übrigens die Deuliewag, mit der Güldner zu Beginn des Krieges eine Baugemeinschaft bildete.

1942 kam die Forderung nach Schleppern mit dem „Einheits-Schleppermotor". Dies bedeutete für Güldner die Fertigungseinstellung des A 20. Als Nachfolger kam kurzzeitig der A 30 mit eben diesem Einheits-Schleppermotor, der bei Güldner die Bezeichnung 2 E erhalten hatte.

Durch starke Verknappung des Dieselkraftstoffes während des Kriegsverlaufes war man gezwungen, den Bau des Einheits-Schleppermotors einzustellen. Gefragt waren jetzt „heimische Betriebsstoffe" wie Holzgas, Anthrazitgas und Torf. Dies führte zum Bau des Schleppers AZ 25 mit Einheitsgasgenerator, der als Getriebe die schon vom A 20 her bekannten Ausführungen von Prometheus und 2 P erhielt.

Der erste Güldner-Schlepper aus dem Jahre 1934 (Typ T 40)

Güldner-Schlepper A 20 ...

... und A 28

GÜLDNER-MOTOREN-WERKE ASCHAFFENBURG

Zweigniederlassung der Gesellschaft für Linde's Eismaschinen A.-G.

Preisliste
über Güldner-Diesel-Ackerschlepper Bauart A 20

mit stehendem Einzylinder-Viertakt-Dieselmotor mit 20 PS Leistung bei 1500 Umdr./Min. mit Kühlwasserpumpe, Windflügel, Wasserkühler, Spezial-Luftfilter, Brennstoffbehälter, Einscheibenkupplung, Spezial-Ackerschleppergetriebe mit Differentialsperre, Vorderradbereifung 5,50 – 16 Traktor und Hinterradbereifung 8,00 – 20 Traktor, Ackerschlepper-Schutzbleche für Hinterräder, Anhängevorrichtung für Wagen und Geräte, mit Werkzeug, normalen Ersatzteilen einschließlich Lichtanlage 6 Volt, 45 Watt, Batterie, elektrischem Horn, vorderem und hinterem Kennzeichenschild

RM. **4450.**–

Mehrpreise für Sonderausrüstungen
(bei gleichzeitiger Lieferung mit dem Schlepper, einschließlich Ein- und Anbau)

Mähmesser-Antrieb bei Hinterrad-Reifen 8,00 – 20 Tr.	RM.	175.–
" " " " " 9,00 – 24 "	"	240.–
Mähvorrichtung mit 5 Fuß Messerbalken und 2 Messern	"	325.–
Riemenscheibe und Zapfwelle	"	135.–
Hinterradbereifung 9,00 – 24 Traktor	"	215.–
Verpacken (Verkeilen bei Bahnversand)	"	20.–

Die Preise verstehen sich ab Werk Aschaffenburg

Abbildung für die Ausführung unverbindlich.

Dr. 280 6. 39

Schlepper mit wassergekühlten Motoren 1946–1958

Nach dem Krieg ging es 1946 mit dem A 28, der mit dem Dieselmotor 2 F mit 28 PS Leistung angeboten wurde, weiter. Das Getriebe stammte von der Zahnradfabrik Augsburg (Renk) und hatte vier Vorwärts- und einen Rückwärtsgang. Als Sonderausrüstung gegen Aufpreis wurden eine Riemenscheibe, eine Zapfwelle und ein Mähwerk geliefert.

Auch dürften zu dieser Zeit verschiedene Holzgas-Schlepper, der aus der eigenen Produktion stammende AZ 25 und der HG 25 von Fahr, wieder auf Dieselbetrieb umgebaut worden sein. Dazu verwendetete man unter anderen auch den 2-F-Motor mit 28 PS aus der Güldnerproduktion.

1948 wurde die Leistung des A 28 auf 30 PS bei 1500 U/min erhöht und gleichzeitig die Bezeichnung geändert: AF 30. Eine weitere Änderung betraf das Fünf-Gang-Getriebe, das jetzt von Fahr bezogen wurde. Ab 1951 rüstete man den AF 30 mit dem ZP-Getriebe A 15 aus und führte ihn dann unter der Bezeichnung AF 30 P. Seine Leistung wurde inzwischen kurzfristig mit 32 PS angegeben. Äußerlich unterzog man den Schlepper auch einer Veränderung, er erhielt eine Motor- und Kühlerverkleidung. Das serienmäßige Zubehör umfaßte eine Differentialsperre, Zapfwelle, Ackerschiene, hintere gefederte Anhängekupplung, elektrische Lichtanlage und Thermostat. Als Sonderausrüstung gegen Aufpreis konnte man eine Vorglühanlage, Batterie, Kompressor, hydraulische Kraftheber, Riemenscheibe, Luftdruckbremse, Seilwinde und ein Verdeck erhalten.

Im Jahr 1949 kam der völlig neuentwickelte Kleinschlepper A 15 heraus. Dieser in rahmenloser Blockbauweise gefertigte Schlepper wurde mit

Güldner A 28 mit Prometheus-Getriebe. Vermutlich aus Restbeständen zusammengebaut

Güldner A 28 der auf seine Restaurierung wartet

AF 30 P mit Kühlerverkleidung wie er ab 1951 angeboten wurde

Güldner-Schlepper Af 15

Güldner ALB der noch heute zur täglichen Arbeit eingesetzt wird

AZK mit kurzem Radstand

dem Güldner-Zweizylinder-Dieselmotor D 215, der später auf 2 D 15 umbenannt wurde und bei 1800 U/min etwa 16 PS leistete, ausgerüstet. Als Getriebe kam zum einen das ZA-SG 14/4 von Renk mit 4 Gängen, oder das ZP-A 8 Getriebe mit 5 Gängen zum Einbau. Mit letzterer Ausrüstung lautete die Typenbezeichnung AF 15. Zu seinen Kennzeichen gehören: Zapfwelle, Einzelradbremse, Fußbremse als Innenbackenbremse auf die Hinterräder wirkend, Feststellbremse, gefederte Vorderachse, elektrische Beleuchtung, Vorglühanlage und Anlasser. Der A 15 wurde 1950 schon wieder aus dem Programm genommen. Den AF 15 fertigte man noch bis 1954.

Ebenfalls 1951 kam der AF 20. Für diesen Schlepper nahm Güldner das Fahrgestell/Getriebe des AF 15 und verblockte es mit dem Zweizylinder-Dieselmotor 2 DA, der bei 1800 U/ min 22 PS leistete. Somit war Serienausstattung und Sonderausrüstungsmöglichkeiten mit diesem Schlepper identisch.

Beim AF 20 ersetzte man 1952 das ZF-Getriebe A 8 durch die Portalausführung des gleichen. Daraus resultierte ein längerer Radstand, der sich von 1550 auf 1785 mm vergrößerte und eine größere Bodenfreiheit zwischen den Achsen. Die zuvor als kurzfristige Höchstleistung angegebenen 22 PS wurden nun als Dauerleistung eingetragen.

1952 wurde der AFN ins Programm genommen. Er hatte den Motor 2 FN, der bei 1800 U/min 35 PS leistete, eingebaut und war mit dem ZF-Fünfgang-Getriebe A 15 ausgestattet. Seine Grundaustattung verzeichnete: Zapfwelle, Einzelradbremse, Fußbremse als Innenbackenbremse auf die Hinterräder wirkend, Feststellbremse, gefederte Vorderachse, elektrische Beleuchtung, Vorglühanlage und Anlasser. Als Sonderausrüstung wurde geliefert: Mähan-

Diese zwei ADN mit kurzem Radstand werden heute noch eingesetzt

trieb, Mähwerk, Riementrieb, Verdeck, Seilwinde, Reifenfüllanlage und die Kratzenberg-Geräteaushebung.

Die Kratzenberg-Geräteaushebung war ein mechanischer Kraftheber mit einem unteren Führungstrapez, das in der Mitte der Hinterachse auf- und abpendelnd befestigt war. An den hinteren Enden des Führungstrapezes waren zwei Ketten befestigt, die wiederum mit den zwei oberen Hubarmen verbunden waren. Diese Hubarme wurden mechanisch über Zahnräder von der Zapfwelle angetrieben. An dem unteren Führungstrapez wurden an dem hinteren breiteren Teil die Anbaugeräte starr befestigt. Wurde mit den Geräten gearbeitet, so wurden die oberen Hubarme soweit abgesenkt, daß die Arbeitsgeräte mit dem Führungstrapez auf- und abpendeln konnten. Somit konnten sich die Arbeitsgeräte jeder Bodenunebenheit auf dem Acker anpassen. War ein Tragschlepper vorhanden, so konnte man, ausgehend von den hinteren oberen Hubarmen, mit zwei Verbindungsstangen, die etwa in Höhe der Lenkschnecke über ein Gelenk nach unten zu den Zwischenachsgeräten geführt wurden, auch zur Aushebung dieser Geräte den Kraftheber von Kratzenberg einsetzen. Als Arbeitsgeräte gab es von Kratzenberg Drehpflüge, Beetpflüge, Anbaugrubber, Eggen, Kartoffel- und Rübenroder sowie Häufel- und Hackgeräte. Es konnten nur Anbaugeräte nach dem System Kratzenberg angebaut werden. Der Anbau von genormten Dreipunktgeräten war nicht möglich und deshalb war der Einbau des Kratzenberg-Kraftheber nur ein kurzzeitige Erscheinung.

1953 überarbeite man das Programm und ergänzte es nach unten durch den AZK. Er hatte anfangs den Motor 2-K eingebaut, der bei 2000 U/min 12 PS leistete. Später folgte der 2-KN mit 14 PS bei 2000 U/min.

Beim AFS drosselte man die Leistung des AFN auf 28 PS

Der Schlepper A 3 P hatte als erster Güldner-Schlepper einen Fremdmotor eingebaut

Güldner-Schlepper ABN

AZK

Der ABS war mit dem ABN bis auf die Leistung von 22 PS identisch

ADN in der Ausführung von 1958 mit 2 DNS-Motor

Als Getriebe kam das ZF-A 5 mit 5 Vorwärts- und 1 Rückwärtsgang in zwei verschiedenen Ausführungen zum Einbau. Bei der ersten Version in Normalausführung betrug der Radstand 1558 mm bei serienmäßig gefederter Vorderachse. In der zweiten Version wurde die Portalausführung des A 5-Getriebes eingebaut. Hier betrug der Radstand 1748 mm und die Vorderachse wurde nicht gefedert.

Den AF 15 ersetzte Güldner im gleichen Jahr durch den ADN. Dieser hatte den neuen 2-Zylinder-Motor 2 DN eingebaut, der bei 1800 U/min 16 PS, später dann 17 PS leistete. Auch in diesem Schlepper kam das ZF-Getriebe A 5 in Normal- und Portalausführung zum Einsatz. Die Vorderachse war immer gefedert und der Radstand betrug 1600 mm bzw. 1790 mm.

Beim AFN drosselte man die Motorleistung vom 2 FN auf 28 PS bei 1500 U/min. Der nun mit AFS bezeichnete Schlepper war in seiner weiteren Ausführung mit dem AFN identisch. Auf den standardmäßigen Lieferumfang sowie die lieferbare Sonderausrüstung wurde beim Typ AFN näher eingegangen.

In diesem Jahr wurde auch der Bau der eigenen Einspritzpumpen, die es in sieben verschiedenen Ausführungen gegeben hatte, aufgegeben und auf Produkte der Robert Bosch GmbH zurückgegriffen.

Zwischen dem ADN mit 16 PS und dem AFS mit 28 PS klaffte eine Lücke. Diese schloß man 1954 vom unteren Leistungsbereich her mit dem ADS. Dazu wurde die Motorleistung des 2 DN-Motor von 16 auf 18 PS bei ebenfalls 1800 U/min erhöht. Verblockt war das ganze mit dem ZF-Getriebe A 8. Dieser Schlepper war nur bis 1955 im Programm. Mit dem ZF-Getriebe A 8/6 und dem 2 BN-Motor rüstete man den ABN aus. Dieser leistete 25 PS bei 1800 U/min.

Ein Jahr später schloß Güldner die Lücke zwischen dem ADS 18 PS und dem ABN 25 PS mit dem ABS. Dazu drosselte man einfach die Leistung des 2 BN-Motors im ABN auf 22 PS bei gleichbleibender Drehzahl.

1957 wurde der Motor 2 FN aus der Produktion genommen. Er war zu schwer und als 2-Zylinder zu unruhig. In dieser Leistungsklasse hatte die Konkurrenz leichtere und drehfreudigere Motoren anzubieten. Da im eigenen Haus noch kein Nachfolger vorhanden war, wurde auf einen Motor der Konkurrenz zurückgegriffen. Es war der Typ P 3/144 mit 32 PS von Perkins, der in den Schlepper A 3 P eingebaut wurde. Mit ihm wurden auch die wassergekühlten Schlepper mit dem neuen Äußeren, das ein Jahr zuvor schon mit den kleinen luftgekühlten Schleppern eingeführt wurde, angeboten. Als Getriebe kam das A 10 von ZP zum Einbau. So recht glücklich wurde man mit dieser Kombination bei Güldner nicht. Zwar hatte der Schlepper ein Eigengewicht von 1700 kg, war aber auf der Hinterachse zu leicht, so daß er die Motorleistung nicht auf den Boden brachte. Abweichend von den übrigen Güldner-Schleppern wurde der A 3 P in Blau ausgeliefert. Erst gegen Ende seiner Bauzeit war eine Lieferung in Rot möglich. Ab 1958 konnte er auch mit einem mechanischen Zugkraftverstärker ausgerüstet werden.

1958 überarbeitete man alle Motoren und rüstete sie mit Gleitlager aus. Die daraus resultierende Leistungssteigerung hatte auch auf das Schlepperprogramm seine Auswirkungen. So hatte der ADN jetzt den 2 DNS-Motor und leistete 18 PS bei 2000 U/min. Den gleichen Schlepper mit auf 15 PS reduzierter Leistung bot man unter der Bezeichnung ADK an.

Beim ABN ersetzte Güldner den 2 BN-Motor durch den 2 BS-Motor, der 24 PS leistete. Dazu wurde im Zuge der Modellpflege auch sein Äußeres verändert und die Haubenform dem neuen Erscheinungsbild der Güldner-Schlepper angepaßt. Die Verkaufsbezeichnung lautete jetzt AB.

Schlepper mit luftgekühlten Motoren 1953–1958

Da es mit der Wasserkühlung im Winter verschiedentlich zu Schäden durch gefrierendes Kühlwasser kam, verlangten viele Landwirte nach Schleppern mit luftgekühltem Motor. Inzwischen war die Entwicklung der luftgekühlten Motoren soweit fortgeschritten, daß sie als brauchbare Alternative zum wassergekühlten Motor angesehen werden konnten. So sind viele Schlepperanbieter dazu übergegangen, ihre Schlepper wahlweise mit luft- oder wassergekühltem Motor anzubieten. Güldner als Motorenhersteller tat das gleiche. Alle Schlepper mit luftgekühlten Motoren trugen in der Typenbezeichnung ein „L".

Der erste Schlepper mit luftgekühltem Motor war 1954 der Typ ALD. Er hatte den Zweizylinder-Dieselmotor 2 LD mit 17 PS bei 2000 U/min eingebaut. Als Getriebe kam

ADL

Luftgekühlter Güldner-Schlepper ALD mit 17 PS

Luftgekühlter Güldner-Schlepper AX mit 11 PS

Luftgekühlter Güldner-Schlepper AK mit anfangs 13 PS später dann 14 PS

wieder das A 5 bzw. A 5/6 in Portalausführung von ZF zum Einbau. Die Grundaustattung bestand aus Zapfwelle, Einzelradbremse, Fußbremse als Innnenbackenbremse auf die Hinterräder wirkend, Feststellbremse, gefederte Vorderachse, elektrische Beleuchtung, Vorglühanlage und Anlasser. Als Sonderausrüstung wurde geliefert: Mähantrieb, Mähwerk, Riementrieb, Verdeck, Seilwinde, Reifenfüllanlage und ein hydraulischer Kraftheber.

Ein Jahr später ergänzte Güldner das Programm mit den Typen ALK und ALB. Der ALK hatte den Motor 2 LK eingebaut, der 12 PS bei 2000 U/min leistete. Als Getriebe kam wieder das A 5 von ZF mit Geschwindigkeiten von 2.47–18.25 km/h zum Einbau. Der ALB hatte mit dem 2 LB-Motor und dem A 8/6-Getriebe von ZF eine Leistung von 22 PS bei 1800 U/min.

Im November 1955 wurde das ZP-Getriebe A 8/6 überarbeitet. Waren bis dahin Achsrohre und Vorgelegegehäuse getrennte Teile, so wurden sie in der neuen Version aus einem Guß hergestellt. Außerdem hatte das neue Getriebe ein anderes Ausgleichsgetriebe, andere Hinterachswellen und auch noch andere Schaltgabeln. Um eine zweifelsfreie Ersatzteilversorgung zu gewährleisten, wurde das alte Getriebe weiterhin mit ZP A 8/6 bezeichnet, das neue hingegen hieß ZF A 8/6. Eingebaut waren beide Getriebetypen in die Schlepper ABN, ABS und ALB.

Alle vorgenannten Schlepper und die wassergekühlten Schleppertypen wurden auf Wunsch mit einer mechanischen Geräteaushebung von Kratzenberg oder mit einem hydraulischen Dreipunktkraftheber von Printz geliefert.

1956 war Güldner eine Entwicklungsgemeinschaft mit Fahr eingegangen. Aus dieser Verbindung gingen als erstes die Typen AX und AK bei Güldner und D 66 und D 88 bei Fahr hervor. Auf der DLG in Hannover stellte man den AX und den AK der Landwirtschaft vor. Beide Typen waren luftgekühlt. Der AX hatte den Einzylinder Motor LX, der 11 PS bei 2500 U/ min leistete, eingebaut und der AK wurde von dem Motor 2-LKN, der 13 PS bei 2300 U/min leistete, angetrieben. Beide hatten sie das ZP A-4-Getriebe eingebaut, das Geschwindigkeiten von 1,5–20 km/h zuließ. Auf Wunsch konnte zusätzlich ein Kriechganggetriebe eingebaut werden. Der Mähantrieb war in der Schleppermitte positioniert und war zur Aufnahme von Mähwerken von Fahr und Rasspe vorgesehen. Den Getriebetunnel hatte man als Wespentailie ausgebildet um eine gute Sicht auf die zwischenachs angebauten Geräte zu haben. Beide Typen wurden in grün und blau geliefert. Weiterhin hatten sie eine neue runde Motorhaube vorzuweisen, deren Form mit einigen Abwandlungen bis zum Produktionsende 1969 beibehalten wurde.

Güldner-Schlepperprogramm 1956

Luftgekühlte Schlepper		**Wassergekühlte Schlepper**	
AX	11 PS	AZK	14 PS
ALK	12 PS	ADN	16 PS
AK	13 PS	ABS	22 PS
ALD	17 PS	ABN	25 PS
ALB	22 PS	AFS	28 PS
		AFN	35 PS

Wie zuvor beschrieben, überarbeitete Güldner 1958 das Schlepper-Programm. Das hatte auch auf die luftgekühlten Typen seine Auswirkungen. Die Typen AX, AK und ALD wurden beibehalten. Beim ALB wurde das Äußere überarbeitet. Dazu hatte der 2 LB-Motor jetzt eine Leistung von 24 PS. Um die Überarbeitung auch der Kundschaft nahezubringen, änderte man die Bezeichnung in ABL ab.

Luftgekühlter Güldner-Schlepper ABL mit 24 PS

2 luftgekühlte Güldner-Schlepper AK, 13 PS

Geräteträger

Eine anderer Entwicklungszweig im Schlepperbau war Anfang der fünfziger Jahre der Geräteträger. Es gibt zwei verschiedene Bauarten von Geräteträgern, das Zweiholm-System und das Zentralholm-System. Das Zweiholm-System (auch Kastenrahmen-System) stützt sich auf Versuche, die der fränkische Landwirt Emil Endres im Jahre 1936 durchführte.

Ausgehend von der Hinterachse verliefen zwei Stahlrohre (Holme) zur Vorderachse. Zwischen diesen Holmen war vor der Hinterachse das Getriebe und darüber der Motor angeordnet. Die Lenkung verlief im Holm zur Vorderachse. Von dort wurden über Schubstangen die Vorderräder gelenkt. Unter diesen Holmen konnten zwischen den Achsen die verschiedensten Geräte angebaut werden. Als weitere An- oder Aufbauräume standen zur Verfügung: vor der Vorderachse, hinten am Kraftheber oder Geräteschiene und vor dem Motor auf dem Geräterahmen. Diese Bauart wurde von Lanz, Claas, Eicher und Ritscher verwendet.

Beim Zentralrohr-System werden Hinterachse, Motor und Getriebe zu einer Einheit verblockt. Von dort führt dann das zentrale Rohr zur Vorderachse. Zwischen Motor/Getriebe und dem Zentralrohr erfolgt bei Fendt noch der Einbau des Zentral-Drehgelenkes. Denn im Gegensatz zu den Firmen Wesseler und IFA (DDR), die die Vorderachse pendelnd gelagert hatten, baute Fendt eine starre Vorderachse ein und ließ Geräte und Vorderachse im Zentral-Drehgelenk pendeln. Die Anbauräume waren die gleichen wie beim Zweiholm-System.

Seit Anfang der fünfziger Jahre führten verschiedene Firmen unterschiedliche Typen dieser Geräteträger in ihrem Schlepper-Programm. 1955 stellte auch Güldner einen Geräteträger auf der DLG-Ausstellung vor. Da sich eine Eigenentwicklung nicht mehr lohnte, und zudem die zweckmäßigsten Entwicklungen durch Patente geschützt waren, entschloß man sich bei Güldner, den Multitrak von Ritscher anzubieten. Ob der Impuls zu dieser Zusammenarbeit von Güldner als Motorenlieferant ausging, oder ob Ritscher versuchte, einen weiteren Absatzzweig zu erschließen, läßt sich nicht mehr klären. Zum Einbau kam der luftgekühlte 2-Zylinder-Diesel-Motor 2 LD mit 17 PS von Güldner.

Das ZF-Getriebe A 5 bzw. A 5/6 besaß 10 Vorwärts- und 2 Rückwärtsgänge. Eine besondere Eigenschaft des Multitrak war die Möglichkeit zur Längsverstellung des Radstandes von 1730 mm bis auf 2550 mm. Durch Einsetzen von Verlängerungsteilen ließ sich der Radstand bis auf 3050 mm vergrößern, so daß auch

Multitrak mit eingebauter Rübenhacke

Leicht und schnell werden der Radstand und die Spurweite verändert: Ein Mann kann bei aufgebocktem Vorderteil den Rahmen (1) ausziehen oder einschieben. Frontanbau (2), Geräteanschluß (3) und Anhängekupplungen (4), (5) machen diese Universalmaschine für Schlepper- und Geräteträgerarbeiten immer einsatzbereit.
Kraftvolle Hydraulik (6) und die 2 x Dreipunktaufhängung bietet der Multitrac! Die gleichen Geräte können mit den gleichen Anschlüssen zwischen oder hinter den Achsen angebaut werden – wie es gerade zweckmäßig ist. Vorhandene Dreipunkt-Geräte können weiter verwandt werden.
Das System Kratzenberg ist ebenfalls für den Zwischen- und Hintenanbau einzusetzen. Auch hier werden die gleichen Geräte mit den gleichen Anschlüssen befestigt. – Weitere Anbauarten sind außerdem anwendbar: Der Multitrac bindet an kein System! Einerlei, welche Gerätekombinationen durchgeführt werden – das Mähwerk stört nie.
Die vordere Zapfwelle bleibt für weitere Anschlüsse frei! Diese besonderen Vorteile bietet der Multitrac zusammen mit einem Mähwerk, das sich 50° nach oben und unten schwenken läßt.
17-PS-Vollradantrieb bietet der luftgekühlte Güldnermotor (11). Zur Kraftabnahme verfügt der Multitrac über eine Zapfwelle vorn (8), eine Zapfwelle hinten (9) und die bodenabhängige Vorderrad-Zapfwelle (10). Alle für den Außen- und Innenbetrieb vorgesehenen Zapfwellengeräte können so betrieben werden!

größere Arbeitsgeräte, wie z. B. Siebkettenroder, Aufnahme finden konnten. Damit war es möglich, den Multitrak als reinen Geräteträger mit langem Radstand sowie auch als Schlepper mit verkürztem Radstand einzusetzen. Mit Hilfe des hydraulischen Krafthebers mit einer vorderen und einer hinteren Hubwelle konnten die Arbeitswerkzeuge bequem eingesetzt und ausgehoben werden. Der Antrieb des Mähwerkes, mit 4 1/2" bzw. 5" Schnittbreite für Hoch-, Mittel- oder Tiefschnitt lieferbar, erfolgte von der Motorkurbelwelle kupplungsunabhängig und ließ sich 50° nach oben oder unten schwenken, so daß auch Grabenböschungen gemäht werden

konnten. Eine Ladepritsche wurde in zwei Ausführungen geliefert. Einmal für 400 kg Nutzlast bei 1 qm Ladefläche und eine größere für 900 kg bzw. 2 qm. Auf Wunsch auch hydraulisch nach vorn kippbar. Desweiteren waren lieferbar: Fahrerverdeck, Gitterräder, Riemenscheibe und ein Beifahrersitz für den rechten Kotflügel.

In Zusammenarbeit mit den Landmaschinenherstellern wurden für die Bodenbearbeitung, für Düngung, Saat, Pflege, für die Halm und Wurzelfruchternte und für den Pflanzenschutz vollständige Gerätereihen geschaffen, die ein lückenloses Durchführen aller praktisch vorkommenden Arbeiten gestatteten. Es fehlten auch nicht Dunglader, Band- und Kreissägen, Be- und Entwässerungspumpen, Erdbohrer, Planierschaufel und Weidemelkanlagen.

Europa-Reihe

Am 20. Juni 1958 wurde die schon zwei Jahre andauernde lose Zusammenarbeit zwischen Fahr und Güldner nun durch einen Vertrag endgültig besiegelt. Dieser Vertrag beinhaltete daß die Schlepperfertigung einander angeglichen wurde (gleiche Typen mit verschiedenen Bezeichnungen) und die Fertigung aufgeteilt wurde. So bezog man die Schlepper ab 25 PS von Fahr und stellte nur noch Schlepper bis 20 PS im eigenen Werk her. Unterscheiden konnte man die Schlepper an der Farbe. Güldner Schlepper waren hellgrün und die Fahr-Schlepper wurden in Rot lackiert. Desweiteren gab es Unterschiede bei der Form der Motorhaube. Die Fahrschlepper waren in ihrem Erscheinungsbild an der Frontseite ihren Vorgängern angepaßt. Dagegen hatten die Güldnerschlepper mehr eine Tonnenförmige Haube. Gemeinsam hatten die Schlepper; luft- oder wassergekühlte Motoren von Güldner (bis auf den A 4 M), die neuen Getriebe der 200-Reihe von ZF die den damaligen Schleppern ihr typisches Aussehen verliehen und den Schlepperfahrer in den Reitsitz zwangen. Abgesehen davon gab es kleine Unterschiede. So baute jede Firma ihre eigenen Vorderachsen ein. Bei der Hydraulikausrüstung griff Fahr auf Bucher zurück, während man bei Güldner weiterhin Bosch bevorzugte.

Ende der 50er Jahre kam eine Entwicklung auf den Markt die mehrere Firmen unter verschiedenen Namen, die aber in Wirklichkeit aus einer Quelle stammte, zu vermarkten versuchten. Es war dies eine Vorrichtung mit der man vom Schlepperheck aus über ein Gestänge die Fahrkupplung des Schleppers ein- bzw. ausrücken konnte. Sinnvoll war dies wenn der Landwirt auf dem Acker alleine Verladearbeiten verrichten wollte. Er legte dann den ersten Gang des Schleppers ein und ließ diesen alleine fahren. Im Nebenhergehen konnte er nun Stroh, Rüben oder andere Feldfrüchte auf den Anhänger laden. War nun die Geschwindigkeit trotzdem zu schnell so konnte er über die vorher beschriebene Ausrückvorrichtung für die Kupplung den Schlepper vom Heck aus anhalten ohne das Fahrzeug besteigen zu müssen. Dazu wurde einfach ein Hebel nach oben gekippt der, sollte es wieder weitergehen, einfach in die Ausgangsstellung zurückgekippt wurde.

Auch Güldner versuchte nun diese Entwicklung für sich nutzbringend zu vermarkten. Unter der Bezeichnung „Güldner-Servomatic“ angeboten, war dieser Entwicklung aber kein großer Erfolg gegönnt. Nach etwa zwei bis drei Jahren verschwand sie wieder vom Markt.

Der erste Schlepper der ab 1959 aus dieser Zusammenarbeit von Güldner angeboten wurde, war der A 4 M. Er war eine reinrassige Fahrentwicklung und wurde dort schon seit dem Vorjahr angeboten. Er wurde, vermutlich am Anfang, auch für einige Monate mit der Bezeichnung Regent angeboten. Da Güldner zu dieser Zeit keinen Motor in dieser Lei-

Der Güldner A 2 D hier als Fahr D 131 W

Der Fahr D 88 E war mit dem Güldner A 2 KN/Spessart baugleich ...

... und der Fahr D 133 N war der Bruder zum Güldner A 3 K/Burgund

Der Güldner A 2 DL war die luftgekühlte Ausführung des A 2 D

Der A 4 M/Toledo war der zweite Güldner-Schlepper mit Fremd-Motor

Ein A 2 KN der wie viele andere Güldner die Zeit gut überdauert hat

stungsklasse anbot, griff man bei Fahr auf den Motor OM 636 VI-E aus dem Hause Daimler-Benz zurück. Diese Lösung wurde von Güldner übernommen. Dieser Motor, der vom Unimog her bekannt war, leistete im A 4 M/Regent 34 PS bei 3000 U/ min. Als Getriebe wurde das A 208 von ZF eingebaut.

Noch weiter im Angebot war der AX den man, dem neuen Bezeichnungssytem entsprechend, auf A 1 X umbenannte und der während seiner Bauzeit auch mal den Beinamen Sprinter, wann läßt sich nicht mehr feststellen, führte.

Der AK wurde ebenfalls umbenannt in A 2 K und seine Leistung auf 15 PS erhöht. Ein Jahr später wurde aus ihm, vermutlich nach einer Motorenüberarbeitung, dann der A 2 KN

Den AB, ABL bot man nun als Pflegeschlepper an. Dazu schwenkte man die Getriebe-Portale, die bisher nach hinten führten, nach unten. Dadurch erreicht die größere Bodenfreiheit, die bei einem Pflegeschlepper erwünscht war. Nach dieser Änderung lautete die Bezeichnung A 2 B bzw. A 2 BL für die luftgekühlte Ausführung.

Die erste Güldner-Entwicklung in der Europa-Reihe war der Pflegeschlepper A 2 D, bzw. A 2 DL für die luftgekühlte Ausführung. Hierzu nahm man das ZF-Getriebe A 205 in Portalausführung und verband es entweder mit dem 2 DNS- oder, wenn Luftkühlung verlangt wurde, mit dem 2 LD-Motor. Beide Motoren waren auf eine Leistung von 20 PS eingestellt.

Auf der DLG-Ausstellung 1959 stellte man einen 15 PS starker Allradschlepper aus bei dem die Vorder- und Hinterräder gleich groß ausgeführt waren. Weiterhin war er mit Allrad-Lenkung ausgestattet und sollte als Zweiwege-Schlepper vorwärts und rückwärts (Schubfahrt) arbeiten können. Bei der Rückwärtsfahrt verlangte man vom Fahrer, daß er die Motorhaube als Sitz gebrauchte. Motor- und Getriebe waren vom A 2 K übernommen worden. Bei diesem Schlepper handelte es sich um einen Prototyp der nie in Produktion ging. Nach Angaben verschiedener Zeitgenossen soll es auch Patentstreitigkeiten mit einer anderen Firma gegeben haben.

Nach der DLG-Ausstellung 1959 war nun auch der neue 25 PS-Schlepper A 3 KT lieferbar. Er ersetzte den A 2 B/A 2 BL und wurde, wie sein größerer Bruder der A 4 M, aus dem Hause Fahr bezogen. Auch er war als Tragschlepper konzipiert und mit dem ZF-Getriebe ZF A 205 in Portalausführung geliefert. Als Motor kam nur noch der luftgekühlte Güldner-Motor 3 LKN mit 25 PS bei 2600 U/min zum Einbau. Anfang 1960 ergänzte man das Programm mit dem A 3 K. Hier verzichte man auf die Portalausführung des Getriebes und schwenkte die Portale in Normalstellung nach hinten.

Der Güldner-Tragschlepper A 3 KT und der hier abgebildete Fahr D 133 T waren fast identisch

Die Standard-Ausführung war der Güldner A 3 K/D 133 N

Güldner-Schlepper A 3 K an dem die Zeit nicht spurlos vorüber ging

Die Standard-Ausführung des Güldner-Tragschleppers A 2 D war der Güldner A 2 W/Tessin

Luftgekühlter Güldner-Schlepper A 2 L/Tessin

Der Güldner-Tragschlepper A 2 KN/Spessart war der Nachfolger des A 2 K

Der Güldner-Schlepper A 2 KS/Spessart ersetzte den A 2 KN

Bei dem vor einem Jahr vorgestellten Typ A 2 D/A 2 DL schwenkte man die Getriebe-Portale wieder nach hinten und bot in mit der neuen Typenbezeichnung A 2 W, bzw. A 2 L für die luftgekühlte Ausführung, weiterhin an. Die Motoren wurden beibehalten.

Ab 1960 erhielten die Schlepper der „Europa-Reihe“ zusätzlich noch Namen. Der A 2 KN hieß nun auch „Spessart“, der A 2 W/A 2 L bekam den Zusatznamen „Tessin“, der A 3 K wurde auf „Burgund“ und die Tragschlepperversion auf „Burgund T“ erweitert. Zu guter Letzt wurde der A 4 M auch mit „Toledo“ bezeichnet. Letzteren konnte man nun auch mit einem Schnellganggetriebe unter der Bezeichnung A 4 MS ordern. Diese zusätzlichen Namen waren reine Verkaufsbezeichnungen denn werksintern wurden weiterhin die alten Bezeichnungen verwendet.

Die Wende kam 1961. Bei Fahr hatte Deutz ein Aktienanteil von 25% übernommen. Da man bei Deutz selbst Schlepper herstellte war man an einer weiteren Zusammenarbeit mit Güldner nicht mehr interessiert. Der A 4 MS/Toledo der bisher von Fahr gefertigt wurde lief aus. Der A 3 KT/Burgund T, der bisher ebenfalls in Gottmadingen gefertigt wurde, lief nun in Aschaffenburg vom Band. Somit war die Zusammenarbeit der beiden Firmen beendet.

Nachdem man nun mit dem 3 LKN-Motor in der Praxis etliche Schwierigkeiten hatte, vergrößerte man seine Bohrung von 75 mm auf 80 mm, was zu einem Hubraum von 1500 cm^3 führte. Der nun mit 3 LKA bezeichnete Motor wurde ab 1961 in den A 3 K/Burgund eingebaut. Dessen Werksbezeichnung änderte sich dadurch auf A 3 KA. Ab 1962 war dann auch der A 3 KT mit dem neuen Motor ausgerüstet. Seine Bezeichnung änderte sich in A 3 KTA. Die Verkaufsbezeichnungen Burgund und Burgund T für die Tragschlepperausführung wurden beibehalten. Er wurde bis zum Jahre 1965 angeboten.

Ebenfalls einer Änderung der Werksbezeichnung unterzog man die Typen A 2 KN, A 2 W und A 2 L. Sie erhielten nun die Bezeichnungen A 2 KS, AW und AL. Der A 2 KS/Spessart war der zweite Schlepper der bis in das Jahr 1965 überlebte.

Weitere Neuerungen ab 1962 wurden vom Gesetzgeber veranlaßt. So mußte ab da jeder Schlepper zwei verschiedene, von einander unabhängige, Bremssysteme vorweisen. Versionen wie beim AK, wo die Handbremse auf die Fußpedale wirkte und nur durch einen Riegel feststellbar waren, konnten nicht mehr verwendet werden. Die ZF-Getriebe waren schon auf diese Regelung hin modifiziert worden. Unter anderem wurden beide Bremssysteme auf Trommelbremsen umgestellt. Die unterschiedlichen Getriebe konnten an den römische Zahlen hinter der Getriebebezeichnung erkannt werden.

Fahr- und Güldner-Schlepper die baugleich sind

Fahr D 66	Güldner AX
Fahr D 88	Güldner AK
Fahr D 88 E	Güldner A 2 K, Spessart
Fahr D 131 W	Güldner A 2 D
Fahr D 131 L	Güldner A 2 DL
Fahr D 132 W	Güldner A 2 W, Tessin
Fahr D 132 L	Güldner A 2 L, Tessin
Fahr D 133 N	Güldner A 3 K, Burgund
Fahr D 133 T	Güldner A 3 KT, Burgund T
Fahr D 177	Güldner A 4 M, Toledo
Fahr D 177 S	Güldner A 4 MS, Toledo

G-Reihe

1962 stellte Güldner die neuen Schlepper der G-Reihe vor. Als erstes äußerliches Merkmal waren nun alle Güldner-Schlepper rot. Weiterhin wurde eine neue Motorhaube verwendet. Sie wirkte nicht mehr so bauchig wie die vorherige, sondern machte einen moderneren, aufgeräumteren und zeitlosen Eindruck. Alle Schlepper wurden mit den neuen Motoren der L-79-Reihe in 2 bis 6-Zylinderausführungen ausgerüstet. Die verwendeten Getriebe der Baureihe A 200 kamen von ZF und hatten 8 Vorwärts- und 4 Rückwärtsgänge. Sie wurden auf Wunsch in einer 20 und 30 km/h-Ausführung geliefert. Serienmäßig war Getriebe- und Motorzapfwelle mit 540/1000 U/min. Für den Anbau einer Frontseilwinde war die Front-Motorzapfwelle vorgesehen. Hydraulikpumpe und Mähantrieb wurden unabhängig von der Fahrkupplung angetrieben. Für G 25, G 30, G 40 gab es ein Einheitsmähwerk von Rasspe. Beim G 40 und G 50 war die Ausrüstung mit lastschaltbaren Allradantrieb möglich.

Der Kraftheber konnte auf Wunsch mit einem Raddruckverstärker ergänzt werden und die Regelhydraulik mit automatischer Tiefgangregulierung, Lageregelung und Freigang. Alle Schlepper dieser Baureihe wurden mit einer einheitlichen Lenkradschaltung gebaut, so daß vor dem Sitz ein freier Durchstieg möglich war. Weiterhin wurde eine Fuß-Heizung sowie ein Verdeck angeboten und für den Sitzkomfort gab es einen Polstersitz der parallelschwingend gefedert und hydraulisch gedämpft wurde.

Als erstes nahm man den Motor 3 L 79 mit 36 PS bei 2000 U/min und vereinigte ihn mit dem ZF-Getriebe A 210. Diesen neuen Schlepper stellte man als Ergänzung in der Europa-Reihe vor und bezeichnete ihn als Toledo/G 40. Unter dieser Bezeichnung wurde er noch bis zum Ende des Jahres geführt. Anschließen wurde für alle Güldner-Schlepper nur noch das G mit der ungefähren Leistungsangabe als Typenbezeichnung verwendet.

Gegen Ende des Jahres stellte Güldner den Gotland/G 50 vor. Er wurde anfangs, wie der Toledo/G 40, unter der Doppelbezeichnung geführt und hatte wie dieser einen Motor aus der neuen Modellreihe eingebaut. Der mit 4 L 79 bezeichnete Motor leistete 48 PS bei 2200 U/ min und hatte von ZF das A-216-Getriebe eingebaut. Dies war der erste Schlepper den man bei Güldner mit Allradantrieb bestellen konnte.

1963 wurde die Schlepperreihe um folgende Typen erweitert. Der G 25 mit dem Motor 2 L 79 der 24 PS

Der erste Güldner-Schlepper mit dem neuen Güldner-Motor 3 L 79 war der Toledo/G 40

Dem Toledo/G 40 folgte noch im gleichen Jahr der Gotland/G 50

G 25 mit Binger Seilzug

G 50 Vorserienmodell mit auf den Kotflügeln sitzenden Rücklichtern

In der Serienfertigung wurden die Rücklichter in den Kotflügel integriert

Güldner-Schlepper G 50 AS

bei 2300 U/min leistete und den G 30 mit dem Motor 3 L 79 und 30 PS bei 1800 U/ min. Als Getriebe wurde in beide Schlepper das ZF A 208 eingebaut. Beim G 40 der nun auch als G 40 A in Allrad-Ausführung geliefert wurde erhöhte man die Leistung auf 38 PS bei 2300 U/min. Als Getriebe blieb das ZF A 210. Auch beim stärksten Schlepper dieser Baureihe dem G 50/G 50 A erhöhte man die Leistung auf nun 50 PS bei 2300 U/min.

1965 überarbeitete und ergänzte man das Schlepperprogramm. Der G 15 der frühere A 2 KS/Spessart erhielt als G 15 nur eine andere Lenkung.

Beim G 30 erhöhte man die Leistung des Motor 3 L 79 auf 32 PS bei 2000 U/min.

Den G 40 bot man nun auch in einer Schmalspurversion an. Die Motorleistung des G 40 W entsprach der Standardausführung, ebenfalls das Getriebe. Es wurde nur in der Schmalspurausführung eingebaut.

Der G 45/G 45 A erhielt den Motor 4 L 79 dessen Leistung dazu auf 45 PS auf 2000 U/min gedrosselt wurde. Als Getriebe kam das ZF A 210 zum Einbau.

Gegen Ende des Jahres kam noch der G 75 mit dem 65 PS bei 2000 U/min leisteten Motor 6 L 79. Beim G 75 A leistete der gleiche Motor aber 70 PS bei 2200 U/min. Das Getriebe in beiden Schleppern war das T 318 I von ZF.

1967 ergänzte man das Programm mit dem G 35/G 35 A. Er hatte den Motor 3 L 79 mit auf 35 PS bei 2100 U/min eingestellter Leistung. Das Getriebe war das ZF A 208 III, also das gleiche, wie es im G 30 verwendet wurde.

Beim G 75 erhöhte man die Leistung auf 70 PS und beim G 75 A auf 75 PS. Beim eingebauten ZF-Getriebe T 318 II wurde nun eine Kriechganggruppe gleich serienmäßig eingebaut. So standen nun 16 Vorwärtsgänge und sieben Rückwärtsgänge zur Verfügung.

Im gleichen Jahr trat nun das Problem auf, daß die Motorenfertigung bei Güldner zu teuer war. Was die Jahre über den guten Ruf ausmachte, nämlich die qualitativ hochwertige und präzise Fertigung, so wurde zum Beispiel für bewegliche Teile ein sehr hoher Präzisionsaufwand betrieben, was zum Teil dazu führte, daß man bei zugekauften Teilen wie zum Beispiel der Einspritzpumpe ein eigenes Reglergestänge entwickelte, nun zu teuer war und man die Schlepper preismäßig kaum mehr auf dem Markt verkaufen konnte. Auch machte es sich bemerkbar, daß andere Firmen, die Motoren von Güldner bezogen hatten, dies nun nicht mehr taten. Sei es, daß sie sich andere, billigere, Bezugsquellen suchten oder durch Beendigung der Produktion als Kunden ausfielen. Das änderte am Endergebnis nichts. Dies führte dazu, daß

Der G 15 war bis auf die Lenkung und den Luftschlitzen in der Haube mit dem A 2 KS identisch

Güldner-Schlepper G 45

Güldner-Schlepper G 45 A mit Frontlader

Güldner-Schlepper G 75 AS

Güldner-Schlepper G 75 AS

Güldner-Schlepper G 35 A

Güldner-Schlepper G 60 AS der nach erfolgter Überholung auf einen neuen Besitzer wartete

man Überlegungen anstellte wie man die Motoren- bzw. die ganze Schlepperfertigung rationalisieren und verbilligen konnte. Die ersten Maßnahmen führten dazu daß man die Bosch-Reiheneinspritzanlage durch eine Verteilereinspritzanlage aus dem gleichen Hause ersetzte. Grund war wohl daß letztere nur halb so teuer war als erstere. Die andere Seite war, daß die Verteilereinspritzpumpen zur damaligen Zeit noch nicht ausgereift waren und es dadurch zu immensen Betriebsstörungen kam. Weiterhin wurde der selbstgefertigte Güldner-Regler durch einen hydraulischen Bosch-Regler ersetzt und die Ölfilteranlage wurde von Wechselfilter auf Wegwerffilter umgestellt.

1968 wurde das Programm nochmals abgerundet. Als letzter Schleppertyp brachte man den G 60/ G 60 A mit dem Motor 6 L 79. Dieser wurde hier bei 2000 U/min auf 60 PS gedrosselt. Als Getriebe wurde das ZF A 216 II eingebaut.

Als letzte verkaufsfördernde Maßnahme konnte man die Typen G 50 A, G 60 A sowie den G 75 A schon ab Werk mit Forstausrüstung bestellen. Sie bestand aus einer Langholz-Verlade- und Rückeanlage, Doppeltrommelwinde, zur Auswahl standen verschiedene Fabrikate, Steuerschalter und Stecker mit 5 m Steuerkabel, Druckluftanlage für Seilwinde und Anhänger, Ventilschutz, Wannenschutz und Umsturzbügel.

Mitte der Sechziger Jahre zeichnete sich schon ein Rückgang in den Zulassungsstatistiken für Ackerschlepper ab. Zum einen war es die Sättigung des Marktes, denn zu jener Zeit begann die Landflucht und immer mehr Landwirte gaben ihren Hof mangels eines Nachfolgers auf, zum anderen drängten immer mehr ausländische Schlepperhersteller mit niedrigeren Preisen auf den deutschen Markt. Bei Güldner ließen die Zulassungszahlen auch von Jahr zu Jahr nach. Somit wurde die Produktion zu klein um noch rentabel arbeiten zu können. So wurde bei Güldner die Schlepperproduktion im Jahre 1969 eingestellt.

Güldner-Schlepper G 60 in Hinterrad-Ausführung ...

... und als Allrad-Schlepper in Forstausführung

Güldner-Schlepper G 60 der mit einer Fronthydraulik „modernisiert“ wurde

Zwei Güldner-Schlepper während der Rübenernte

Auf den folgenden Seiten lassen wir eine kleine Auswahl von Original-Güldner-Traktorenprospekten Revue passieren.

Güldner
GÜLDNER-MOTOREN-WERKE ASCHAFFENBURG
ZWEIGNIEDERLASSUNG DER GESELLSCHAFT FÜR LINDE'S EISMASCHINEN A.G.
IIU-08184
GÜLDNER-DIESELSCHLEPPER

Technische Einzelheiten des Güldner-Ackerschleppers A 20

Fahrgestell: Rahmenlose Blockkonstruktion.

Motor: Güldner - Einzylinder - Viertaktdieselmotor, stehender Bauart, 20 PS Leistung bei 1500 U./Min. Bosch-Einspritzpumpe und Bosch-Einspritzdüse, Leichtmetall - Kolben, Spezial - Naßluftfilter, Druckumlaufschmierung, Umlaufkühlung mit Kühlwasserpumpe, Wabenkühler und Windflügel, Brennstoffbehälter 42 ltr. Inhalt.

Kupplung: Einscheiben-Trockenkupplung.

Getriebe und Hinterachse: Vierganggetriebe mit folgenden Geschwindigkeiten:

Bei Hinterradbereifung: 8,00 × 20:	Bei Hinterradbereifung: 9,00 × 24:
3,20 – 5,10 – 7,30 – 13 km/Std.	3,75 – 5,95 – 8,50 – 15,50 km/Std.
Rückwärtsgang 4,4 km/Std.	Rückwärtsgang 5,1 km/Std.

Lenkung: Leichtgängige nachstellbare Schnecken-Lenkung.

Bremsen: Fuß-Bremse als Innenbackenbremse auf die Hinterräder wirkend und feststellbare Getriebe-Handbremse.

Bereifung: Vorderräder: 5,50 × 16 Niederdruckreifen, Hinterräder: 8,00 × 20 Traktor-Luftreifen oder: 9,00 × 24 Traktor-Luftreifen, Schutzbleche für Hinterräder.

Beleuchtung: komplette Lichtanlage, bestehend aus: 45 Watt Lichtmaschine, Batterie, 2 Scheinwerfer, mit Schalter, Schlußlichter, elektrischem Signalhorn.

Anhängevorrichtungen: Wagenanhängevorrichtung und Anhängevorrichtung für Ackergeräte.

Abmessungen: Spurweite 1,27 m, Radstand 1,66 m, Länge 2,65 m, Breite 1,54 m, Höhe 1,70 m, kleinste Bodenfreiheit bei 8,00 – 20 Bereifung: 250 mm, bei 9,00 – 24 Bereifung: 320 mm, Wenderadius außen 3,60 m, Wenderadius innen 1,30 m.

Gewicht: ca. 1600 kg ohne Mähvorrichtung und mit Betriebsstoff.

Zuglast: 13 to bei 13 km Geschwindigkeit per Std. auf ebener trockener Fahrbahn.

Sonder - Ausrüstungen: Zapfwelle 560 Umdr./Min., Riemenscheibe 225 mm Durchmesser, 140 mm Breite, 1380 U./Min., Mähantrieb für Mähbalken. Normalausführung: 5 Fuß, Mittelschnitt.

Vorstehende technische Angaben, Abbildungen, Maße und Gewichte sind unverbindlich. Aenderungen behalten wir uns vor.

Generalvertrieb: Deuliewag

Deutsche Lieferwagen - Gesellschaft m. b. H.

Berlin N 4

Chausseestr. 45, Fernruf Nr. 417 671

Güldner - Motoren - Werke Aschaffenburg

Zweigniederlassung der Gesellschaft für Linde's Eismaschinen A.-G.

D. 279. bf. 30000. 3. 39.

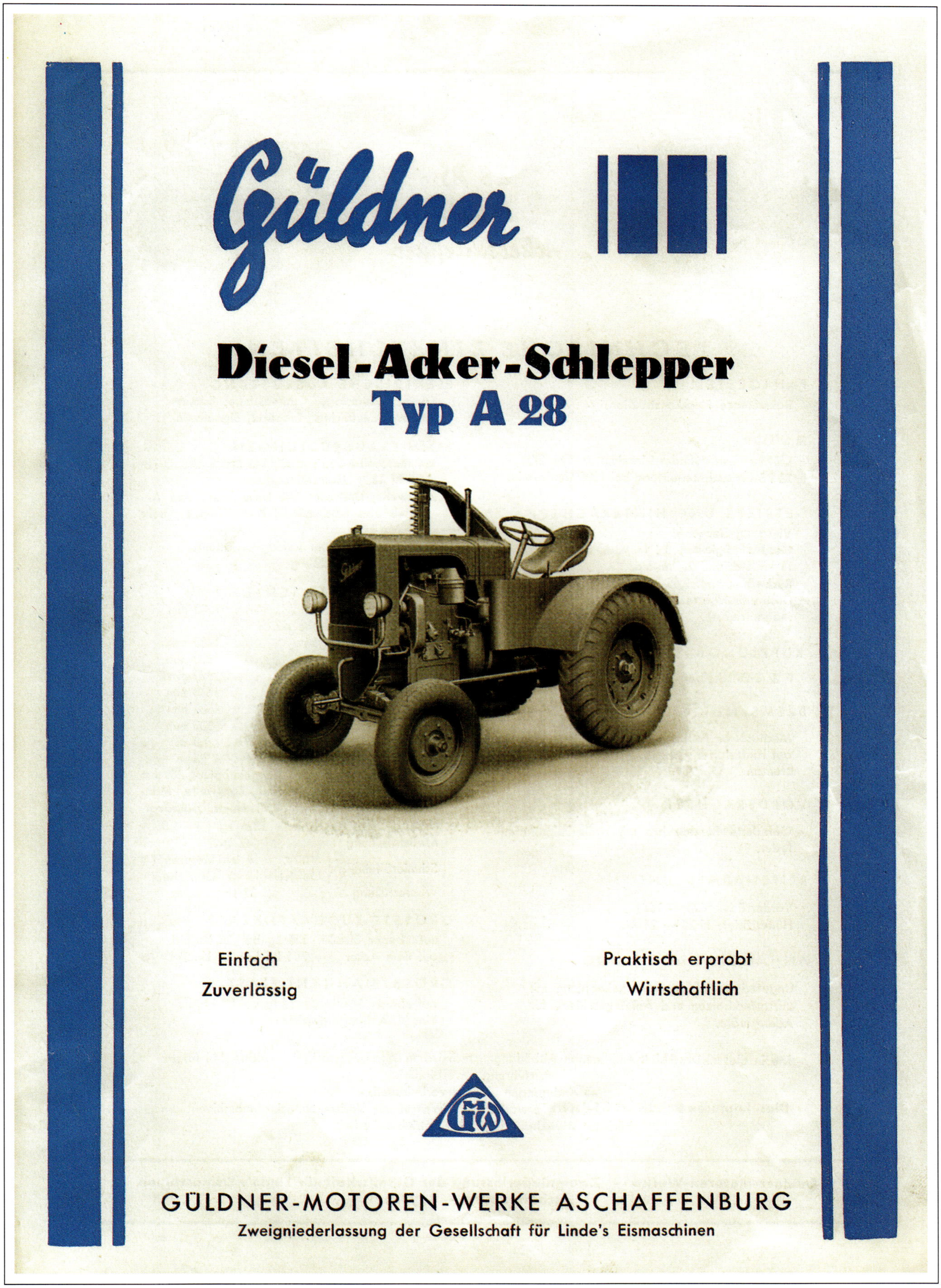
Güldner
Diesel-Acker-Schlepper
Typ A 28
Einfach
Zuverlässig
Praktisch erprobt
Wirtschaftlich
GMW
GÜLDNER-MOTOREN-WERKE ASCHAFFENBURG
Zweigniederlassung der Gesellschaft für Linde's Eismaschinen

28 PS Diesel-Ackerschlepper

TECHNISCHE EINZELHEITEN:

FAHRGESTELL:
Rahmenlose Blockkonstruktion.

MOTOR:
Güldner-Zweizylinder-Dieselmotor Typ 2F,
28 PS Bremsdauerleistung bei 1500 Umdr./Min.

GETRIEBE UND HINTERACHSE:
Viergang-Getriebe.
Geschwindigkeiten 3,4 km/Std., 6,45 km/Std.
11 km/Std. und 20 km/Std.
Rückwärtsgang: 2,65 km/Std.
Differentialsperre mit selbsttätiger Ausrückung.
Mähantrieb.

KUPPLUNG:
F & S-Einscheiben-Trockenkupplung.

BREMSEN:
Mechanische Fußbremse als Innenbackenbremse auf Hinterräder wirkend und feststellbare Handbremse.

VORDERACHSE:
Gefederte Pendelachse mit Halb--Elliptik-Blattfeder.

REIFENABMESSUNGEN:
Vorderräder: 600 — 16e;
Hinterräder: 11,25 — 24 Al.

ANHÄNGEVORRICHTUNG:
Ungefederte Wagenanhängekupplung mit Durchsteckbolzen und Anhängeschiene für Ackergeräte.

ELEKTRISCHE AUSRÜSTUNG:
Kompl. Lichtanlage, Lichtmaschine, Scheinwerfer, Schlußlichter, Stoplicht, Signalhorn.

SONDERAUSRÜSTUNGEN:
Riemenscheibe 230 mm Ø, 140 mm Breite, Drehzahl 1350 Umdr./Min.,
Zapfwelle, Drehzahl 540 Umdr./Min., zum Antrieb von Bindemäher, Kartoffelroder, Seilwinde usw.
Mähwerk (5 Fuß) mit Aufzugvorrichtung,
Elektr. Anlaßvorrichtung.

MASSE UND GEWICHTE:

Spurweite	1270 mm
Verbreiterte Spurweite durch Umdrehen der Felgen	1430 mm
Radstand	1800 mm
Länge über alles	2920 mm
Breite über alles	1640 mm
Höhe über alles	1680 mm
Bodenfreiheit	330 mm
Kleinster Wenderadius innen	1,3 m
Kleinster Wenderadius außen	3,5 m
Höhe bis Mitte Wagenanhängekupplung	760 mm
Gewicht (mit Riemenscheibe, Zapfwelle, Mähantrieb ohne Mähwerk und elektr. Anlaßvorrichtung)	1825 kg
Kraftstoffüllung	42 Ltr.
Schmierölfüllung: Motor	9 Ltr. Motorenöl
Schmierölfüllung: Getriebe	15 Ltr. Getriebeöl
Wasserfüllung	32 Ltr.

GRÖSSTE ZUGHAKENKRAFT:
auf ebener Straße 135 kg bei 20 km/Std.
auf dem Acker 794 kg bei 3,4 km/Std.

GRÖSSTE ANHÄNGELAST:
auf ebener Straße ca. 16 to bei 20 km/Std. einschl. Anhängergewicht.

Die in diesem Druckblatt enthaltenen Abbildungen, technischen Daten, Masse und Gewichte sind für die Ausführung unverbindlich.
— Änderungen bleiben vorbehalten. —
Dieselmotoren Bauart „Güldner" erwarben sich Weltruf als Verbrennungskraftmaschinen von höchster Wirtschaftlichkeit und Betriebssicherheit.

Güldner-Motoren-Werke - Zweigniederlassung der Gesellschaft für Linde's Eismaschinen
Aschaffenburg - Bayern

Dr. J. Kirsch, Aschaffenburg Dr.-Nr. 1

Güldner
Güldner
DIESEL-SCHLEPPER AF30
GÜLDNER-MOTOREN-WERKE ASCHAFFENBURG
Zweigniederlassung der Gesellschaft für Linde's Eismaschinen A.-G.
WOLBERT

Güldner - Dieselmotoren erwarben sich Weltruf als Verbrennungskraftmaschinen von höchster Wirtschaftlichkeit und Betriebssicherheit.

Güldner

32 PS DIESEL-SCHLEPPER AF 30

Fahrgestell:
Rahmenlose Blockkonstruktion.

Motor:
Stehender Güldner-Zweizylinder-Viertakt-Dieselmotor 30/32 PS. bei 1500 Umdr./Min.

Getriebe und Hinterachse:
Fünfgang-Getriebe.
Geschwindigkeiten:
3,6, 5,1, 6,9, 11,2 und 20 km/Std.
Rückwärtsgang 3,6 km/Std.
Differentialsperre mit selbsttätiger Ausrückung.
Mähantrieb.

Kupplung:
F & S - Einscheiben-Trockenkupplung.

Bremsen:
Mechanische, gestängebetätigte Fußbremse als Innenbackenbremse auf Hinterräder wirkend;
Einzelradbremsung.
Feststellbare Handbremse.

Vorderachse:
Gefederte Pendelachse mit Halb-Elliptik-Blattfeder.

Reifenabmessungen:
Vorderräder: 6,00—16 e;
Hinterräder: 11,25—24 AS.

Anhängevorrichtung:
Gefederte Wagenanhängekupplung mit Durchsteckbolzen und Anhängeschiene für Ackergeräte.

Elektrische Ausrüstung:
Kompl. Lichtanlage, 12 Volt, Lichtmaschine, Scheinwerfer, Schlußlichter, Stoplicht, Signalhorn, Batterie 50 Amp.-Std.
Steckdose für Anhängerbeleuchtung.

Sonderausrüstungen:
Riemenscheibe 200 mm ⌀, 140 mm Breite, Drehzahl 1475 Umdr./Min.,
Zapfwelle, Drehzahl 540 Umdr./Min., zum Antrieb von Bindemäher, Kartoffelroder, Seilwinde usw.,
Wetterschutzverdeck,
Mähwerk (5 Fuß), mit Aufzugvorrichtung.
Elektr. Anlaßvorrichtung und Vorglühanlage 12 Volt, einschließlich Batterie 120 Amp./Std.
Kompressor für Anhänger-Luftdruckbremsen,
Kompressor zum Füllen der Reifen.
Polstersitz.
Zusatzgewichte vorn und für Hinterräder.
Spillwinde, hydr. Kraftheber.

Maße und Gewichte:

Spurweite	1270 mm
Verbreiterte Spurweite durch Umdrehen der Felgen vorn	1430 mm
hinten	1480 mm
Radstand	1790 mm
Länge über alles	3035 mm
Breite über alles	1576 mm
Höhe über alles	1795 mm
Bodenfreiheit	350 mm
Kleinster Wenderadius innen	1,3 m
Kleinster Wenderadius außen	3,5 m
(Bei Einzelrad-Bremsung kleiner)	
Höhe bis Mitte Wagenanhängekupplung	825 mm
Gewicht (mit Riemenscheibe, Zapfwelle, Mähantrieb ohne Mähwerk und elektr. Anlaßvorrichtung)	2040 kg
Kraftstoff-Füllung	42 Ltr.
Schmierölfüllung Motor	9 Ltr. Motoröl
Getriebe	30 Ltr. Getriebeöl
Wasserfüllung	32 Ltr.

Größte Zughakenkraft:
auf ebener Straße
ca. 245 kg bei 20 km/Std.
auf dem Acker
ca. 1350 kg bei 3,6 km/Std.

Größte Anhängelast:
auf ebener Straße
ca. 18—20 t bei 20 km/Std.
einschl. Anhängergewicht und Anhänger mit einwandfreien Bremsen.

Die in diesem Druckblatt enthaltenen Abbildungen, technischen Daten, Maße und Gewichte sind für die Ausführung unverbindlich. Änderungen bleiben vorbehalten.

GÜLDNER-MOTOREN-WERKE ASCHAFFENBURG

Telegrammadresse: Güldnermotor, Aschaffenburg   Telefon: 5881—5885

Dr. Nr. 294 4. 51 5000   Druck: Main-Echo-Kirsch, Aschaffenburg

Güldner
DIESEL-SCHLEPPER
Güldner
16/17 PS
GÜLDNER-MOTOREN-WERKE ASCHAFFENBURG
ZWEIGNIEDERLASSUNG DER GESELLSCHAFT FÜR LINDE'S EISMASCHINEN A.G.
Dr. Nr. 349

Das fertige Erzeugnis, der zuverlässige Güldner -Kleinschlepper — **macht dem Besitzer die Arbeit leicht** und hilft ihm **Kosten sparen,** also **billiger produzieren** und **mehr verdienen.**

Die Zugkraft der GÜLDNER-Schlepper ist schon sprichwörtlich

Steigungen sind für den GÜLDNER-Schlepper kein Problem

Beim Dreschen und Pflügen leistet der GÜLDNER-Schlepper wertvolle Hilfe

Ferner stellen wir her:

Notstromaggregate zur Sicherung der Stromversorgung bei Abschaltungen und sonstigen Unterbrechungen; Pumpengruppen zur Bewässerung, Beregnung, zum Löschen bei Bränden und zur Trinkwasserversorgung; ortsfeste Motoren in liegender und stehender Bauart für Gewerbe und Industrie sowie für allerlei Einbauzwecke.

Drehstromaggregat 2 D 15, 10 KVA

Drehstromaggregat 2 F, 22 KVA

Notstromgruppe GW 20, 15 KVA

Pumpenaggregat für Wasserwerk

Die in diesem Druckblatt enthaltenen Abbildungen, technischen Daten, Maße und Gewichte sind für die Ausführung unverbindlich. Änderungen bleiben vorbehalten.

Güldner ABN
25/27 PS
DIESEL
SCHLEPPER
Güldner
...ein Güldner
ist nicht kleinzukriegen!

Technische Angaben für den Güldner-Dieselschlepper ABN

Motor:	stehender Güldner-2-Zylinder-Viertakt-Dieselmotor, 25/27 PS Leistung, Spezial-Ölbad-Luftfilter; Kühlwasser-Thermostat.
Elektrische Ausrüstung:	kompl. Lichtanlage, 12-Volt-Lichtmaschine, 75 Watt; Scheinwerfer; Schlußlichter; Bremslicht; Anhängersteckdose; Signalhorn.
Elektrische Anlaßvorrichtung:	kompl. mit Vorglühanlage und 12-Volt-Batterie, 84 Amp.-Std.
Fahrgestell:	rahmenlose Blockkonstruktion.
Vorderachse:	gefederte Pendel-Schwingachse oder ausziehbare Achse für verstellbare Spur von 1250—1650 mm.
Kupplung:	F & S-Einscheiben-Trockenkupplung.
Getriebe:	Portalbauweise 6 Vorwärtsgänge — erster Gang ausgebildet als Kriechgang. 1 Rückwärtsgang.
Differentialsperre:	mit selbsttätiger Ausrückung (Fußhebel).
Geschwindigkeiten:	vorwärts (bei Reifen 10—28 AS): 1,95; 3,00; 5,50; 7,93; 12,0; 20,0 km/Std. rückwärts: 5,50 km/Std.
Bremsen:	mechanische, gestängebetätigte Innenbackenbremsen auf Hinterräder wirkend, geteilte Fußbremshebel für Einzelradbremsung der Hinterräder; feststellbarer Handbremshebel.
Reifenausrüstung:	Vorderräder 5,00—16 AS Front oder 5,50—16 AS Front, Hinterräder 10—28 AS oder 11—28 AS.
Anhängevorrichtung:	vorn: Anhängekupplung für Durchsteckbolzen; hinten: gefederte, drehbare Wagen-Anhängekupplung mit Durchsteckbolzen, Anhängeschiene, oder höhenverstellbare mehrstufige Anhängekupplung und Zugpendel (höhenverstellbar).
Zapfwelle:	genormte Abmessung, Drehzahl 540 U/Min.; gangabhängig schaltbar (im 2. Gang Drehzahl 540 U/Min.).

Sonderausrüstung:

Spurverstellung:	Vierfach verstellbare Vorderachse (ungefedert) für Spurweiten 1250 - 1350 - 1450 - 1550 - 1650 mm und verstellbare Hinterradfelgen gleicher Spurweiten.
	Hydraulischer Kraftheber mit Dreipunkt-Aufhängung.
Riemenscheibe:	abschaltbar, 200 mm ∅, 140 mm Breite, Drehzahl 1475 U/Min.
Mähwerk:	5 Fuß — 1,50 m, mit Aufzugvorrichtung und Mähantrieb, vom Motor mittels Keilriemen angetrieben.
Zusatzgewichte:	für Hinterräder = 2 Stück je 105 kg.

Maße und Gewichte:

Länge über alles:	2960 mm	
Breite über alles:	1585 mm	(bei 1250 mm Spur)
Höhe über alles:	1725 mm	bei Bereifung 10—28 AS
Höhe über Motorhaube:	1355 mm	bei Bereifung 10—28 AS
Spurweite:	vorn 1270 mm, hinten 1250 mm	
Verbreiterte Spurweite durch Umdrehen der Scheiben-Räder:	vorn 1430 mm, hinten 1500 mm	
Radstand:	1870 mm	
Bodenfreiheit:	475 mm	bei Bereifung 10—28 AS
Höhe bis Mitte Wagen-Anhängekupplung:	750 mm bezw. 840 mm	bei Bereifung 10—28 AS
Kleinster Wendehalbmesser: innen:	ca. 1,20 m	(bei Einzelradbremsung kleiner)
außen:	ca. 3,25 m	(bei Einzelradbremsung kleiner)
Gewicht (einschl. Zapfwelle, elektr. Anlaßvorrichtung):	1425 kg	
Kraftstoffbehälter-Inhalt:	36 Liter	
Schmierölfüllung: Motor	ca. 7 Liter	
Getriebe, Hinterachse	ca. 11 Liter	

Die in diesem Druckblatt enthaltenen Abbildungen, technischen Daten, Maße und Gewichte sind für die Ausführung unverbindlich
Änderungen bleiben vorbehalten.

Dr.-Nr. 783 8.54

Güldner
Güldner

Güldner DIESEL-SCHLEPPER 22 PS

Fahrgestell:
Rahmenlose Blockbauart.

Motor:
Güldner—Zweizylinder-Dieselmotor Type 2 DA, bei 1800 Umdr. i. d. Min., 20 PS Dauerleistung, 22 PS Fahrzeugleistung.
Kräftige Kurbelwelle und Wälzlager; Leichtmetallkolben; chromlegierte Zylinderbüchsen; Hochleistungs-Luftfilter; Bosch-Düsen; Präzisionsregler für großen Drehzahlbereich; Druckschmierung mit Zahnradpumpe und Spaltfilter; Wasserpumpe, Lüfter und Röhrenkühler; Thermostat für Kühlwasser.

Getriebe und Hinterachse:
Fünfganggetriebe: mit Differentialsperre.

	bei Reifen 9,00—24 AS					
Gang	I.	II.	III.	IV.	V.	Rückw.
km/Std.	3,0	5,5	7,9	12,0	20,0	2,2

Kupplung:
F. & S.-Einscheiben-Trockenkupplung.

Bremsen:
Mechanische Fußbremse als Innenbackenbremse auf die Hinterräder wirkend, mit Handfeststellung, Einzelradabbremsung der Hinterräder, (Lenkbremse).

Vorderachse:
Gefederte Pendelachse.

Zapfwelle:
540 Umdr./Min., zum Antrieb von Bindemäher, Kartoffelroder und anderen Anhänge- und Anbaugeräten.

Reifenabmessungen:
Vorn: 5,00—16
Hinten: 9,00—24 AS oder 6,50—32 (bzw. 7—30) AS.

Anhängevorrichtung:
gefed. Wagen-Anhängekupplung mit Durchsteckbolzen und Anhängeschiene für Ackergeräte.
Anhängekupplung, vorn, für Durchsteckbolzen.

Elektrische Ausrüstung:
Vollständige Lichtanlage mit Lichtmaschine, Scheinwerfer, Schlußlichter, Signalhorn, Batterie und Kabel.
Elektrische Anlaßvorrichtung und Vorglüheinrichtung.

Sonderausrüstungen:
(gegen Mehrpreis)

Mähantrieb: mittels Keilriemen vom vorderen Kurbelwellenende des Motors aus angetrieben.

Mähwerk: 5 Fuß, mit Aufzugvorrichtung.

Riemenscheibe:
200 mm ⌀ × 140 mm; 1475 Umdr. i. d. Min.

Allzweckbereifung 6,50—32 AS bzw. 7—30 für Hinterräder.

Hydraulischer Kraftheber

Seilwinde

Wetterschutzverdeck

Maße und Gewichte:

Spurweite	1250 mm
Verbreiterte Spurweite durch Umdrehen der Felgen — vorn	1410 mm
Verbreiterte Spurweite durch Umdrehen der Felgen — hinten	1426 mm
Radstand	1550 mm
Länge über alles	2650 mm
Breite über alles	1578 mm
Höhe über alles	1600 mm
Bodenfreiheit bei Reifen 9,00—24 AS	500 mm
Bodenfreiheit bei Reifen 6,50—32 AS	530 mm
Kleinster Wenderadius innen	1,1 m
Kleinster Wenderadius außen	3,1 m
Höhe bis Mitte Wagenanhängekupplung	700 mm
Gewicht	1375 kg
Kraftstoffüllung	ca. 36 l
Schmierölfüllung im Motor	5,5 l
Schmierölfüllung im Getriebe	12 l
Wasserfüllung	10 l

Gasölverbrauch ca. 1,1—1,8 Liter je Arbeitsstunde, je nach der Schwere der Arbeit.

Größte Zughakenkraft:
(mit Reifen 9,00—24 AS).

	auf ebener Straße	auf dem Acker
bei	20 km/Std.	3,0 km/Std.
kg	165	965

Größte Anhängelast:
auf ebener Straße ca. 10—12 to bei 20 km/Std. (einschließlich Anhängergewicht).

Die in diesem Druckblatt enthaltenen Abbildungen, technischen Daten, Maße und Gewichte sind für die Ausführung unverbindlich. — Änderungen bleiben vorbehalten.

GÜLDNER-MOTOREN-WERKE
Zweigniederlassung der Gesellschaft für Linde's Eismaschinen A.G.
(13a) ASCHAFFENBURG

Druck-Nr. [redacted] 453

AX 11 PS · AK 13 PS
Güldner
Güldner
DIESEL-SCHLEPPER

Technische Angaben für den Güldner-Dieselschlepper AX

Motor:	Stehender Güldner-1-Zylinder-Viertakt-Dieselmotor, luftgekühlt, 11 PS Leistung.
Elektrische Ausrüstung:	kompl. Lichtanlage, 12-Volt-Lichtmaschine, 75 Watt; Scheinwerfer; Schlußleuchten; Anhängersteckdose, Signalhorn.
Elektrische Anlaßvorrichtung:	kompl. mit Heizflansch und 12-Volt-Batterie, 70 Ah.
Fahrgestell:	rahmenlose Blockkonstruktion.
Vorderachse:	ungefederte Pendelachse.
Kupplung:	F & S-Einscheiben-Trockenkupplung.
Getriebe:	Portalbauweise; 6 Vorwärtsgänge; 2 Rückwärtsgänge.
Differentialsperre:	mit selbsttätiger Ausrückung (Fußhebel).
Geschwindigkeiten:	vorwärts (bei Reifen 8–24): 1,48 - 2,46 - 4,1 - 7,03 - 11,6 - 19,4 km/Std.; rückwärts: 1,04 - 4,92 km/Std.
Bremsen:	mechanische, gestängebetätigte Innenbackenbremsen auf Hinterräder wirkend; Doppelfußbremshebel für Einzelradbremsung der Hinterräder, Bremse feststellbar.
Reifenausrüstung:	Vorderräder: 4,00–16 AS-Front; Hinterräder: 8–24 AS; wahlweise: 7–24 AS.
Anhängevorrichtung:	vorn und hinten: Anhängekupplung für Durchsteckbolzen; Anhängeschiene.
Zapfwelle:	genormte Abmessung, Drehzahl 575 U/min; normal u. gangabhängig schaltbar; abschaltbar.

Maße und Gewichte:

Länge über alles:	2611 mm	bei Bereifung 8–24 AS
Breite über alles:	1490 mm	
Höhe über alles:	1490 mm	
Höhe über Motorhaube:	1205 mm	
Spurweite:	vorne und hinten 1250 mm	
Verbreiterte Spurweite durch Umdrehen der Scheibenräder:	vorne und hinten 1500 mm	
Radstand:	1650 mm	
Bodenfreiheit:	370 mm	
Höhe bis Mitte Anhängekupplung:	619 mm	
Kleinster Wendekreisdurchmesser nach DIN 70020:	5,80 m	
Gewicht:	ca. 800 kg	
Kraftstoffbehälter-Inhalt:	ca. 19 Liter	
Schmierölfüllung: Motor	ca. 2,8 Liter	
Getriebe, Hinterachse	ca. 8,4 Liter	

Technische Angaben für den Güldner-Dieselschlepper AK

Motor:	Stehender Güldner-2-Zylinder-Viertakt-Dieselmotor, luftgekühlt, 13 PS Leistung.
Elektrische Ausrüstung:	kompl. Lichtanlage, 12-Volt-Lichtmaschine, 75 Watt; Scheinwerfer, Schlußleuchten; Anhängersteckdose; Signalhorn.
Elektrische Anlaßvorrichtung:	kpl. mit Heizflansch und 12-Volt-Batterie, 56 Amp.-Stunden.
Fahrgestell:	rahmenlose Blockkonstruktion.
Vorderachse:	ungefederte Pendelachse.
Kupplung:	F & S-Einscheiben-Trockenkupplung.
Getriebe:	Portalbauweise, 6 Vorwärtsgänge, 2 Rückwärtsgänge.
Differentialsperre:	mit selbsttätiger Ausrückung (Fußhebel).
Geschwindigkeiten:	vorwärts (bei Reifen 7–30): 1,5 - 2,5 - 4,3 - 7,15 - 11,8 - 19,9 km/Std. rückwärts: 1,06 - 4,95 km/Std.
Bremsen:	mechanische, gestängebetätigte Innenbackenbremsen auf Hinterräder wirkend; Doppelfußbremshebel für Einzelradbremsung der Hinterräder, Bremse feststellbar.
Reifenausrüstung:	Vorderräder: 4.00–16 AS-Front; Hinterräder: 7–30 AS; wahlweise: 8–24 AS, 9–24 AS.
Anhängevorrichtung:	vorn und hinten Anhängekupplung für Durchsteckbolzen; Anhängeschiene.
Zapfwelle:	genormte Abmessung, Drehzahl 530 U/min, normal und gangabhängig schaltbar. abschaltbar.

Maße und Gewichte:

Länge über alles:	2661 mm	bei Bereifung 7–30 AS
Breite über alles:	1490 mm	
Höhe über alles:	1510 mm	
Höhe über Motorhaube:	1205 mm	
Spurweite:	vorne und hinten 1250 mm	
Verbreiterte Spurweite durch Umdrehen der Scheibenräder:	vorne und hinten 1500 mm	
Radstand:	1650 mm	
Bodenfreiheit:	370 mm	
Höhe bis Mitte Anhängekupplung:	675 mm	
Kleinster Wendekreisdurchmesser nach DIN 70020:	5,80 m	
Gewicht:	ca. 850 kg	
Kraftstoffbehälter-Inhalt:	ca. 19 Liter	
Schmierölfüllung: Motor	ca. 3,8 Liter	
Getriebe, Hinterachse	ca. 8,4 Liter	

Dr. Nr. 1032 9. 56 Abbildungen und Angaben dieses Prospektes sind unverbindlich.

Gesellschaft für Linde's Eismaschinen Aktiengesellschaft Telefon 5881-86
Fernschreiber 041/8865
Zweigniederlassung **Güldner-Motoren-Werke Aschaffenburg** Telegr.-Adresse: Telex 041/8865 Güldnermotor Aschaffenburg

Dieselschlepper mit Wasserkühlung
A3P · 32PS
Güldner
... ein Güldner ist nicht kleinzukriegen!

»Güldner«-Dieselschlepper A3P

Technische Angaben:

Motor:	Stehender 3-Zylinder-Viertakt-Dieselmotor, Leistung 32 PS; Ölbad-Luftfilter; Kühlwasser-Thermostat.
Elektr. Anlasservorrichtung:	Kompl. mit Anlasser und 12-Volt-Batterie, 105 Amp.-Std.
Fahrgestell:	Rahmenlose Blockkonstruktion.
Vorderachse:	Pendel-Achse mit Teleskop-Federung.
Kupplung:	F & S-Einscheiben-Trockenkupplung.
Getriebe:	Modernes Klauen-Schaltgetriebe: 5 Vorwärtsgänge, 1 Rückwärtsgang.
Geschwindigkeiten:	Bei Reifen 10–28 AS: 3,2–4,62–6,53–11,22–18,8 km/Std.; rückwärts: 4,0 km/Std. Bei Reifen 11–28 AS: 3,37–4,86–6,9–11,85–19,85 km/Std.; rückwärts: 4,22 km/Std.
Bremsen:	Mechanische, gestängebetätigte Fußbremse als Innenbackenbremsen auf die Hinterräder wirkend; Doppelfußbremshebel für Einzelradbremsung der Hinterräder; feststellbare Handbremse auf Getriebewelle wirkend.
Differentialsperre:	Mit selbsttätiger Ausrückung (Fußhebel).
Reifenausrüstung:	Vorderräder 5,50–16 AS-Front, Hinterräder 10–28 AS, wahlweise 11–28 AS.
Zapfwelle:	Genormte Ausführung, Drehzahl 542 U/min.
Elektr. Ausrüstung:	Kompl. Lichtanlage, 12-Volt-Lichtmaschine, 90 Watt; Scheinwerfer mit Abblendlicht; Schluß-Bremsleuchten; Anhängersteckdose; Signalhorn.
Anhängevorrichtung:	vorn: Anhängekupplung für Durchsteckbolzen; hinten: Gefederte, drehbare Anhängerkupplung mit Durchsteckbolzen; Anhängeschiene für Ackergerät usw.
Sonderausrüstung:	
Kriechgänge:	Bei Reifen 10–28 AS: 3 vorwärts 0,99–1,43–2,02 km/Std.; 1 rückwärts 1,24 km/Std. Bei Reifen 11–28 AS: 3 vorwärts 1,05–1,51–2,14 km/Std.; rückwärts 1,31 km/Std.
Zapfwelle:	Kupplungsunabhängig, sowie gangabhängig schaltbar.
Riemenscheibe:	200 mm Φ, 150 mm Breite, Drehzahl 1482 U/min., abschaltbar.
Mähwerk:	5 Fuß = 1,50 m, mit Aufzugvorrichtung und Mähantrieb (kupplungsunabhängig).
Zusatzgewichte:	Für Vorderräder = 2 Stück je 30 kg; für Hinterräder = 2 Stück je 105 kg.
Hydr. Kraftheberanlage:	Arbeitsvermögen 800 mkg; Dreipunkt-Geräteaufhängung.
Maße und Gewichte:	
Länge über alles:	2960 mm
Breite über alles:	1600 mm
Höhe über alles:	1825 mm } bei Reifen 10–28 AS
Höhe über Motorhaube:	1330 mm } bei Reifen 10–28 AS
Spurweite:	1250 mm
Verbreiterte Spurweite durch Umdrehen der Scheibenräder:	1500 mm
Radstand:	1885 mm
Bodenfreiheit:	420 mm } bei Reifen 10–28 AS
Höhe bis Mitte Anhängerkupplung:	780 mm bzw. 870 mm } bei Reifen 10–28 AS
Kleinster Wendehalbmesser	
innen:	ca. 1,95 m } (bei Einzelradbremsung kleiner)
außen:	ca. 3,70 m } (bei Einzelradbremsung kleiner)
Gewicht (einschl. Zapfwelle, elektr. Anlaßvorrichtung, hydr. Kraftheber)	ca. 1750 kg (vorn 650 kg, hinten 1100 kg)
Kraftstoffbehälter-Inhalt:	ca. 42 l
Schmierölfüllung:	Motor: ca. 6,5 Liter Getriebe: ca. 39 Liter

Die in diesem Druckblatt enthaltenen Abbildungen, technischen Daten, Maße und Gewichte sind für die Ausführung unverbindlich. Änderungen bleiben vorbehalten.

Güldner

Gesellschaft für Linde's Eismaschinen Aktiengesellschaft
Zweigniederlassung Güldner-Motoren-Werke Aschaffenburg

Telefon 58 81–86
Fernschreiber 041/8865
Telex 041/8865
Telegramm-Adresse:
Güldnermotor Aschaffenburg

Dr. Nr. 1066

Güldner
System Güldner
25 JAHRE
1932
1957
Güldner
WERKSVERTRETUNG
Edwin Eyer
Dieselschlepper 11-22 PS Luftkühlung

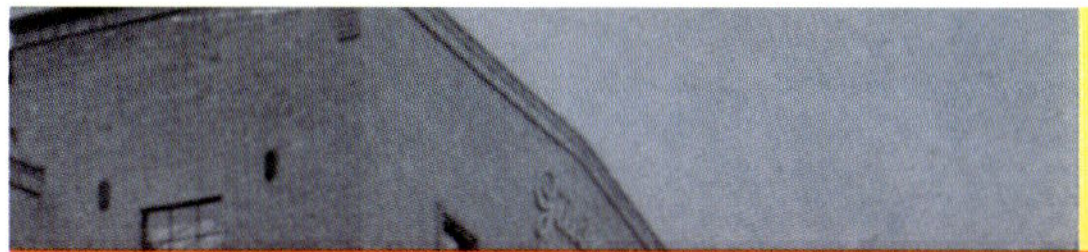

Güldner

Die neuen Kleinschlepper für jeden Betrieb

Technische Daten:	AX 11 PS	AK 13 PS
Motor	stehender Güldner-1-Zylinder-Viertakt-Dieselmotor, luftgekühlt, 11 PS Leistung.	stehender Güldner-2-Zylinder-Viertakt-Dieselmotor, luftgekühlt, 13 PS Leistung.
Elektrische Ausrüstung	kompl. Lichtanlage, 12-V-Lichtmaschine, 75 Watt; Scheinwerfer; Schlußleuchten; Anhängersteckdose; Signalhorn.	kompl. Lichtanlage, 12-V-Lichtmaschine, 75 Watt; Scheinwerfer; Schlußleuchten; Anhängersteckdose; Signalhorn.
Elektrische Anlaßvorrichtung	kompl. mit Heizflansch und 12-V-Batterie, 70 Ah.	kompl. mit Heizflansch und 12-V-Batterie, 56 Ah.
Fahrgestell	rahmenlose Blockkonstruktion.	rahmenlose Blockkonstruktion.
Vorderachse	ungefederte Pendelachse.	ungefederte Pendelachse.
Kupplung	F & S-Einscheiben-Trockenkupplung.	F & S-Einscheiben-Trockenkupplung.
Getriebe	Portalbauweise, 6 Vorwärtsgänge 2 Rückwärtsgänge	Portalbauweise, 6 Vorwärtsgänge 2 Rückwärtsgänge
Differentialsperre	mit selbsttätiger Ausrückung (Fußhebel).	mit selbsttätiger Ausrückung (Fußhebel).
Geschwindigkeiten	vorwärts (bei Reifen 8—24): 1,48 - 2,46 - 4,1 - 7,03 - 11,6 - 19,4 km/Std. rückwärts: 1,04 - 4,92 km/Std.	vorwärts (bei Reifen 7—30): 1,5 - 2,5 - 4,3 - 7,15 - 11,8 - 19,9 km/Std. rückwärts: 1,06 - 4,95 km/Std.
Bremsen	mechanische, gestängebetätigte Innenbackenbremsen auf Hinterräder wirkend. Doppelfußbremshebel für Einzelradbremsung der Hinterräder. Bremse feststellbar.	mechanische, gestängebetätigte Innenbackenbremsen auf Hinterräder wirkend. Doppelfußbremshebel für Einzelradbremsung der Hinterräder. Bremse feststellbar.
Reifenausrüstung	Vorderräder: 4.00—16 AS-Front Hinterräder: 8—24 AS wahlweise 7—24 AS	Vorderräder: 4.00—16 AS-Front Hinterräder: 7—30 AS wahlweise 8—24 AS 9—24 AS
Anhängevorrichtung	vorn und hinten Anhängekupplung für Durchsteckbolzen; Anhängeschiene.	vorn und hinten Anhängekupplung für Durchsteckbolzen; Anhängeschiene.
Zapfwelle	genormte Abmessung, Drehzahl 575 U/min, normal und gangabhängig schaltbar.	genormte Abmessung, Drehzahl 530 U/min, normal und gangabhängig schaltbar.
Sonderausrüstung:		
Riemenscheibe	abschaltbar, 180 mm ∅, 100 mm Breite, Drehzahl 1750 U/min.	abschaltbar, 180 mm ∅, 100 mm Breite, Drehzahl 1610 U/min.
Mähwerk	4½ od. 5 Fuß, mit Aufzugvorrichtung und Mähantrieb, vom Getriebe über Rutschkupplung angetrieben.	4½ od. 5 Fuß, mit Aufzugvorrichtung und Mähantrieb, vom Getriebe über Rutschkupplung angetrieben.
Maße und Gewichte:		
Länge über alles	2610 mm	2660 mm
Breite über alles	1490 mm } bei Bereifung 8—24 AS	1490 mm } bei Bereifung 7—30 AS
Höhe über alles	1490 mm } bei Bereifung 8—24 AS	1510 mm } bei Bereifung 7—30 AS
Höhe über Motorhaube	1205 mm	1205 mm
Spurweite	vorne und hinten 1250 mm	vorne und hinten 1250 mm
Verbreiterte Spurweite durch Umdrehen der Scheiben-Räder	vorne und hinten 1500 mm	vorne und hinten 1500 mm
Radstand	1650 mm	1650 mm
Bodenfreiheit	370 mm	370 mm
Höhe bis Mitte Anhängekupplung	620 mm	675 mm
Kleinster Wendekreisdurchmesser	nach DIN 70020: 5,80 m (b. Einzelradbrems. kleiner)	nach DIN 70020: 5,80 m (b. Einzelradbrems. kleiner)
Gewicht	ca. 800 kg	ca. 850 kg
Kraftstoffbehälter-Inhalt	ca. 19 Liter	ca. 19 Liter
Schmierölfüllung: Motor	ca. 2,8 Liter	ca. 3,8 Liter
Getriebe	} ca. 8,4 Liter	} ca. 8,4 Liter
Hinterachse	} ca. 8,4 Liter	} ca. 8,4 Liter

Wo immer die neuen Güldner-Dieselschlepper erscheinen, erregen sie berechtigtes Aufsehen. Ein solcher Schlepper auf Ihrem Hof wird Ihnen schon beim Anblick eine tägliche Freude sein. Die ungeteilte Zustimmung Ihrer Freunde und Nachbarn wird es Ihnen bestätigen: Sie besitzen nicht nur eine wirtschaftliche, konstruktiv ausgereifte Maschine, die sich vielseitig einsetzen läßt und „nicht kleinzukriegen" ist. Sie besitzen mehr — einen Schlepper nämlich, der allein durch sein Äußeres Ihre moderne Lebenseinstellung dokumentiert und beweist, daß Sie aufgeschlossen und fortschrittlich sind, daß Sie mit der Zeit gehen!

Weitere Schlepper mit Luftkühlung auf den folgenden Seiten

Moderne Schlepper für moderne Menschen - ein Ziel, das Güldner mit diesen neuen Typen verwirklicht. Die besondere Formschönheit hebt eine Qualität hervor, die für Güldner-Erzeugnisse sprichwörtlich ist!

Das ist der Vorteil Ihres Güldner

Der kräftige Motor mit der großen Leistungsreserve besitzt die „System-Güldner"-Luftkühlung. Dies bedeutet: Zwangsläufig sichere Kühlung, schnell erreichte günstige Betriebstemperatur. Das Verbrennungsverfahren sichert guten Start und wirtschaftliches Arbeiten. Ölstandkontrolle ist praktisch das Einzige, was Sie zur Wartung des Motors vorzunehmen haben.

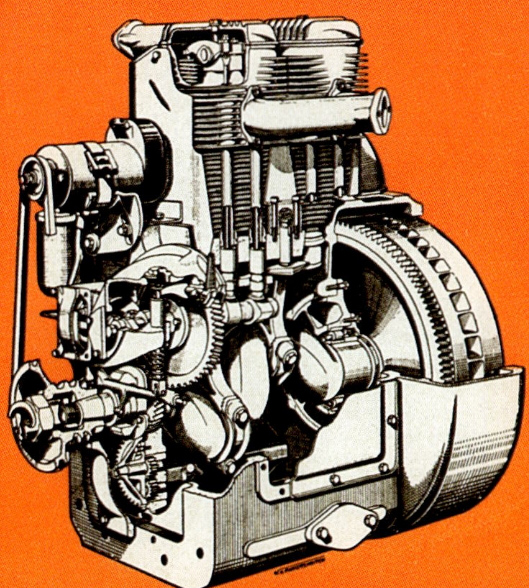

Alle Beschreibungen und Abbildungen treffen auf sämtliche Güldner-Dieselschlepper mit Luftkühlung zu!

Dreipunkt-System

Dieses international anerkannte System hat sich auch am Güldner-Dieselschlepper bewährt. In Verbindung mit einer kraftvollen Hydraulik erleichtert es Ihnen den Geräteanbau und ermöglicht ein sauberes, einwandfreies Arbeiten.

Da sehr viele Gerätehersteller ihre Erzeugnisse mit Dreipunkt-Anschlüssen versehen, haben Sie eine praktisch unbegrenzte Auswahl. Bestellen Sie Kraftheber und Dreipunktgestänge gleich zusammen mit dem Schlepper – die Anlage wird dadurch billiger!

Als Güldner-Besitzer verfügen Sie über eine großzügige Geräte-Auswahl.

Auf Wunsch erhalten Sie eine ausziehbare Vorderachse, die zusammen mit den verstellbaren Hinterradfelgen fünffache Spurweiten von 1250 mm bis 1650 mm ermöglicht.

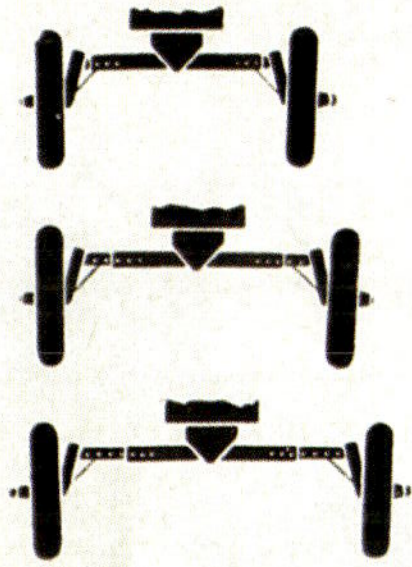

Anerkannte Anbau-Systeme vereinfachen Ihre Arbeit.

Für Zwischenachsanbau ist Ihr Güldner besonders geeignet. Die Geräte arbeiten dabei in Ihrem Blickfeld, und oft ersparen Sie den Feinsteuermann.

Gebirgsbauern können durch die untergebaute Ackerschiene ihre Geräte jetzt auch sicher einsetzen.

Andere Anbau-Systeme

An die Ackerschiene können Sie Ihre Geräte anbauen oder anhängen.

System Kratzenberg

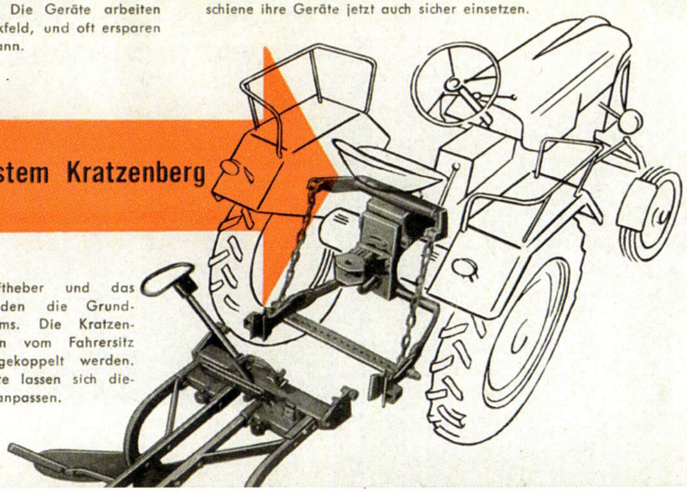

Ein robuster Kraftheber und das Führungstrapez bilden die Grundlage dieses Systems. Die Kratzenberg-Geräte können vom Fahrersitz aus an- und abgekoppelt werden. Viele andere Geräte lassen sich diesem System leicht anpassen.

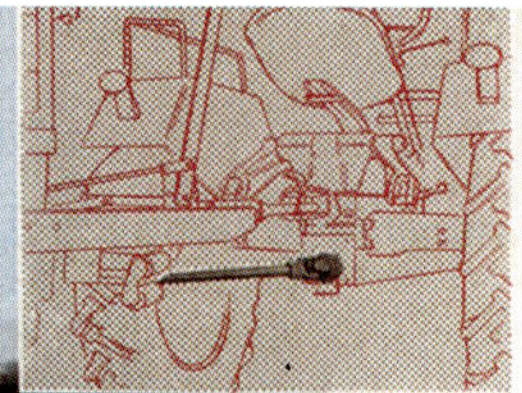

Der Triebachsanhänger erhöht Zugleistung und Betriebssicherheit. Besonders in bergigem Gelände sollten Sie diese Vorteile ausnutzen.

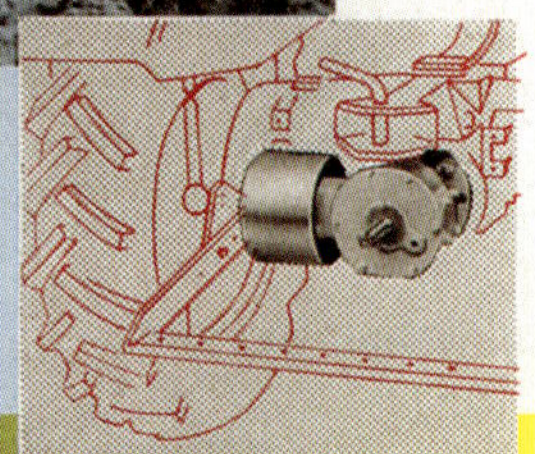

Für Kraftabnahme oder Kraftübertragung besitzt Ihr Güldner eine Norm-Zapfwelle. Bei allen Typen ist sie gangabhängig und auf Normdrehzahl schaltbar. (Typ AFN: nur Normdrehzahl.)

Der Mähantrieb arbeitet unabhängig von der Kupplung. Das Messer läuft also ständig und reinigt sich immer wieder. Getriebe und Zapfwelle bleiben für andere Geräte frei.

Zufriedenheit bei allen: Auch auf Ihren Hof wird der Güldner viel Erleichterung, große Freude und spürbaren Gewinn bringen.

Ihr Güldner hat einen inneren Wendekreis von ca. 2 Metern. Mit Einzelradbremsung können Sie fast auf der Stelle drehen.

Wetterschutz-Verdeck, Scheibenwischer und Blinkanlage sind zusätzliche Ausrüstungen, die sich sehr empfehlen. Im Winter hat Ihr Güldner Heizung: Die vom Motor austretende, erwärmte Kühlluft läßt sich zum Fahrer lenken, so daß er selbst bei großer Kälte nicht zu frieren braucht!

Die Schädlingsbekämpfung vereinfacht Ihr Güldner genau so wie alle anderen Arbeiten. Selbst wenn das Wachstum fortgeschritten ist, werden dank guter Bodenfreiheit die Pflanzen nicht beschädigt.

Die vielen, nützlichen Einzelheiten

machen den Güldner noch wertvoller: Diese zuverlässige und wirtschaftliche Maschine ist die wirklich ideale Grundlage zur intensiven Mechanisierung Ihres Betriebes. An alles wurde gedacht, jede Möglichkeit ausgenutzt. Das ist das Schöne am Güldner!

Angst vor Gräben und Unebenheiten gibt es nicht. Die gut gefederte Pendelschwingachse und eine ausgezeichnete Schwerpunktlage verleihen Ihrem Güldner eine erstaunliche Sicherheit.

Güldner

Bei Lade- und Transportaufgaben hilft Ihnen der Frontlader. Ihr Güldner kann außerdem mit dem Remot-Control-System für schwere hydraulische Geräte und Kipper ausgerüstet werden.

Wenn Ihre Zusatzgewichte einmal nicht ausreichen sollten, füllen Sie die Reifen mit Wasser. Mit der „Hanauer Maus" geht das einfach und schnell.

Alles im Blick, alles zur Hand:

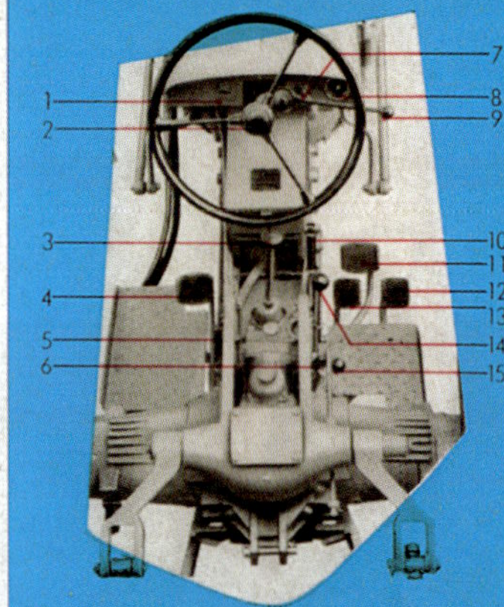

1	Lichtschalter	9	Handdrehzahlhebel
2	Signalknopf	10	Handbremse
3	Getriebeschalthebel	11	Hauptbremspedal
4	Kupplungspedal	12	Bremspedal rechts
5	Zapfwellen-Schalthebel	13	Bremspedal links
6	Differentialsperre	14	Steuerhebel für Hydraulik
7	Glüh-Anlaß-Schalter	15	Transportsperre für Hydraulik
8	Oeldruckmanometer		

Güldner

Technische Daten	ALK 12 PS	ALD 17 PS	ALB 22 PS
Motor	stehender Güldner-2-Zylinder-Viertakt-Dieselmotor, Spezial-Ölbad-Luftfilter.	stehender Güldner-2-Zylinder-Viertakt-Dieselmotor, Spezial-Ölbad-Luftfilter	stehender Güldner-2-Zylinder-Viertakt-Dieselmotor, Spezial-Ölbad-Luftfilter
Elektrische Ausrüstung	komplette Lichtanlage, 12-Volt-Lichtmaschine, 75 Watt; Scheinwerfer; Schlußleuchten; Bremsleuchte; Anhängersteckdose; Signalhorn.		
Elektrische Anlaßvorrichtung	kompl. mit Heizflansch und 12-Volt-Batterie, 56 Amp.-Std.	kompl. mit Heizflansch und 12-Volt-Batterie, 70 Amp.-Std.	kompl. mit Heizflansch und 12-Volt-Batterie, 84 Amp.-Std.
Fahrgestell	rahmenlose Blockkonstruktion	rahmenlose Blockkonstruktion	rahmenlose Blockkonstruktion
Vorderachse	gefederte Pendel-Schwingachse	gefederte Pendel-Schwingachse	gefederte Pendelschwingachse
Kupplung	F & S-Einscheiben-Trockenkuppl.	F & S-Einscheiben-Trockenkuppl.	F & S-Einscheiben-Trockenkuppl.
Getriebe	Portalbauweise 5 Vorwärtsgänge, 1 Rückwärtsgang	Portalbauweise 5 Vorwärtsgänge, 1 Rückwärtsgang	Portalbauweise 6 Vorwärtsgänge (1. Gang ausgebildet als Kriechgang), 1 Rückwärtsgang
Differentialsperre	mit selbsttätiger Ausrückung (Handhebel)	mit selbsttätiger Ausrückung (Handhebel)	mit selbsttätiger Ausrückung (Fußhebel)
Geschwindigkeiten	vorwärts (bei Reifen 8—24 AS): 2,56 - 4,33 - 7,08 - 11,08 - 18,84 km/Std. rückwärts: 3,55 km/Std.	vorwärts (bei Reifen 9—24 AS); 2,67 - 4,53 - 7,41 - 11,59 - 19,7 km/Std. — rückw. 3,72 km/Std.	Vorwärts (bei Reifen 10—28 AS) 1,94 - 3,0 - 5,49 - 7,92 - 12,0 - 20,0 km/Std., rückw. 5,49 km/Std.
Bremsen	mechanische, gestängebetätigte Innenbackenbremse auf Hinterräder wirkend; feststellb. Handbremshebel. Hauptbremshebel sowie Doppelbremshebel für Einzelradbremsung der Hinterräder		Doppel-Fußbremshebel für Einzelradbremsung der Hinterräder
Reifenausrüstung	Vorderräder 4,50—16 AS-Front Hinterräder 8—24 AS wahlweise 7—30 AS	Vorderräder 4,50—16 AS Front Hinterräder 9—24 AS wahlweise 10—28 AS, 8—32 AS, 10—24 AS	Vorderräder 5,00—16 AS Front Hinterräder 10—28 AS wahlweise 10—24 AS
Anhängevorrichtung	vorn: Anhängerkupplung für Durchsteckbolzen; hinten: gefederte, drehbare Wagen-Anhängerkupplung mit Durchsteckbolzen, Anhängeschiene		
Zapfwelle	genormte Abmessung, Drehzahl 590 Umdr./Min., normal und gangabhängig schaltbar.	genormte Abmessung, Drehzahl 590 Umdr./Min., normal und gangabhängig schaltbar	Genormte Abmessung, Drehzahl 540 Umdr./Min., normal u. fahrabhängig schaltbar
Sonderausrüstung			
Riemenscheibe	abschaltbar, 200 mm ⌀, 140 mm Breite, Drehzahl 1610 U./Min.	abschaltbar, 200 mm ⌀, 140 mm Breite, Drehzahl 1610 U./Min.	Abschaltbar, 200 mm ⌀, 140 mm Breite, Drehzahl 1475 Umdr./Min.
Mähwerk	5 Fuß = 1,50 m mit Aufzugsvorrichtung, Antrieb kupplungsunabhängig mittels Keilriemen vom Motor		
Zusatzgewichte	für Hinterräder = 2 Stück je 70 kg	für Hinterräder = 2 Stück je 70 kg	für Hinterräder = 2 Stück je 70 kg
Maße und Gewichte			
Länge über alles	2808 mm	2860 mm	2900 mm
Breite über alles	1514 mm	1514 mm	1585 mm
Höhe über alles	1575 mm } bei Bereifung 8—24 AS	1585 mm } bei Bereifung 9—24 AS	1725 mm (b. Bereifung 10—28 AS)
Höhe über Motorhaube	1245 mm } bei Bereifung 8—24 AS	1260 mm } bei Bereifung 9—24 AS	
Spurweite:	vorn 1270 mm, hinten 1250 mm	vorn 1270 mm, hinten 1250 mm	vorn 1270 mm, hinten 1250 mm
Verbreiterte Spurweite durch Umdrehen der Scheiben-Räder	vorn 1430 mm, hinten 1500 mm	vorn 1430 mm, hinten 1500 mm	vorn 1430 mm, hinten 1500 mm
Radstand	1723 mm	1775 mm	1886 mm
Bodenfreiheit	390 mm } bei Bereifung 8—24 AS	400 mm } bei Bereifung 9—24 AS	450 mm } bei Bereifung 10—23 AS
Höhe bis Mitte Wagen-Anhängerkupplung	655 mm bzw. 745 mm } bei Bereifung 8—24 AS	675 mm bzw. 765 mm } bei Bereifung 9—24 AS	750 mm bzw. 840 mm } bei Bereifung 10—23 AS
Kleinster Wendehalbmesser	innen: 1,10 m; außen: 3,10 m (b. Einzelradbremsung kleiner)	innen: 1,10 m, außen: 3,10 m (b. Einzelradbremsung kleiner)	Innen: 1,20 m; außen: 3,25 m (b. Einzelradbremsung kleiner)
Gewicht (einschl. Zapfwelle, elektr. Anlaßvorrichtung)	1000 kg (vorn 430 kg; hinten: 570 kg)	1050 kg (vorn 475 kg; hinten 575 kg)	1400 kg (vorn 525, hinten 875 kg)
Kraftstoffbehälter-Inhalt	35 Liter	35 Liter	35 Liter
Schmierölfüllung: Motor	ca. 4,0 Liter	ca. 4,5 Liter	ca. 6 Liter
Getriebe / Hinterachse	} 8,5 Liter	8,5 Liter	11 Liter

Gesellschaft für Linde's Eismaschinen Aktiengesellschaft
Zweigniederlassung Güldner-Motoren-Werke Aschaffenburg

Telefon 5881-86 — Fernschreiber 041/8865 — Telegr.-Adresse: Telex 041/8865 Güldnermotor Aschaffenburg

Abbildungen und Angaben in diesem Prospekt sind unverbindlich. Druck: Main-Echo Aschaffenburg Dr.-Nr. 1030

Dieselschlepper mit Luftkühlung
ALD · 17 PS
17PS
... ein Güldner ist nicht kleinzukriegen!

Güldner-Dieselschlepper ALD 17 PS

Technische Angaben:

Motor:	Stehender Güldner-2-Zylinder-Viertakt-Dieselmotor, luftgekühlt, 17 PS Leistung, Spezial-Ölbad-Luftfilter.
Fahrgestell:	Rahmenlose Blockkonstruktion.
Vorderachse:	Gefederte Pendel-Schwingachse.
Getriebe:	6 Vorwärtsgänge, 1 Rückwärtsgang, Portalbauweise.
Kupplung:	F & S-Einscheiben-Trockenkupplung.
Bremsen:	Mechanische, gestängebetätigte Innenbackenbremsen auf Hinterräder wirkend, Hauptbremshebel, sowie Doppelfußbremshebel für Einzelradbremsung der Hinterräder, feststellbarer Handbremshebel.
Bereifung:	Vorderräder: 4,50–16 AS-Front; Hinterräder: 9–24 AS, wahlweise 10–24 AS, 8–32 AS, 10–28 AS.
Geschwindigkeiten:	vorwärts (bei Reifen 9–24 AS): 1,55–2,67–4,53–7,41–11,6–19,7 km/Std. rückwärts: 3,72 km/Std.
Elektrische Anlaßvorrichtung:	Kpl. mit Heizflansch und 12-Volt-Batterie, 70 Amp.-Std.
Elektrische Ausrüstung:	Kpl. Lichtanlage, 12-Volt-Lichtmaschine, 75 Watt; Scheinwerfer, Schlußleuchten, Bremsleuchte, Anhängersteckdose, Signalhorn.
Zapfwelle:	Genormte Abmessung, Drehzahl 590 U/min., abschaltbar, mit Zapfwellenschutz.
Differentialsperre:	Mit selbsttätiger Ausrückung (Handhebel).

Maße und Gewichte:

Länge über alles:	2860 mm	bei Bereifung 9–24 AS
Breite über alles:	1514 mm	
Höhe über alles:	1585 mm	
Höhe über Motorhaube:	1260 mm	
Spurweite:	vorn 1270 mm, hinten 1250 mm	
Verbreiterte Spurweite durch Umdrehen der Scheibenräder:	vorn 1430 mm, hinten 1500 mm	
Radstand:	1775 mm	
Bodenfreiheit:	400 mm	bei Bereifung 9–24 AS
Höhe bis Mitte Anhängerkupplung:	von 465 bis 745 mm höhenverstellbar	

Kleinster Wende-Halbmesser innen: 1,10 m, außen 3,10 m (bei Einzelradbremsung kleiner)

Gewicht:	ca. 1050 kg (vorn 475 kg, hinten 575 kg).
Kraftstoffbehälter-Inhalt:	ca. 35 Liter
Schmierölfüllung: Motor:	ca. 4,5 Liter
Getriebe, Hinterachse:	ca. 8,5 Liter.

Die in diesem Druckblatt enthaltenen Abbildungen, technischen Daten, Maße und Gewichte sind für die Ausführung unverbindlich. Änderungen bleiben vorbehalten.

Normalausrüstung: Anhängekupplung vorne für Durchsteckbolzen; hinten höhenverstellbare Anhängekupplung, drehbar; in der Höhe verstellbare Anhängeschiene für Ackergeräte (mit Bodenplatte); Beifahrersitze auf den Kotflügeln, Differentialsperre, Filter für Kraftstoff, Luft und Schmieröl, Fußbremse als Fußlenkbremse ausgebildet, Öldruckkontroll-Lampe, Scheibenräder umdrehbar für 2 Spuren, Zapfwelle mit Zapfwellenschutz, Werkzeugkasten mit Werkzeug, vordere Kotflügel.

Zusatzausrüstung: Mähwerk mit Hand- oder hydraul. Aufzugsvorrichtung, Dreipunkt-Geräteaufhängung, hydraul. Kraftheber max. Hubkraft am Hubarm 1100 kg, Zwischenachshubgestänge, Seilwinde, Frontlader, Wetterschutzverdeck, Riemenscheibe aufsteckbar auf die Zapfwelle, Sitzkissen für Fahrersitz, Fernthermometer, Betriebsstundenzähler. Zusatzgewichte für Hinterräder, Gangabhängige Schaltung der Zapfwelle (1. Gang entfällt dafür).

Güldner
Gesellschaft für Linde's Eismaschinen Aktiengesellschaft
Zweigniederlassung Güldner-Motoren-Werke Aschaffenburg

Telefon 5881–86
Fernschreiber 041/8865
Telex 041/8865
Telegramm-Adresse:
Güldnermotor Aschaffenburg

Dr. Nr. 1097/20.000/6.58

GÜLDNER G45
G45A
GÜLDNER G45
OD
H 149

Technische Daten G 45/G 45 A 45/50 PS

Motor — LINDE-GÜLDNER-Vierzylinder-Viertakt-Diesel 4 L 79
Leistung, Drehzahl — 45 PS nach DIN 70020/50 PS nach SAE gr. hp. bei 2000 U/min
Bohrung, Hub — 100 mm Ø, 100 mm
Hubraum — 3,14 Liter
Kühlung — Luftkühlung durch Axialgebläse

Kupplung — F & S-Doppelkupplung, serienmäßig

Getriebe — Zahnradfabrik Friedrichshafen, Typ A 210 III

Normalausführung

Geschwindigkeiten	Gänge vorwärts:	1.	2.	3.	4.	5.	6.	7.	8.	rückwärts 1	2.	3.	4.
b. Bereif. 11-32, 13-28, 9-36 AS	bis km/h	1,2	2,1	3,4	5,5	4,3	7,4	12,2	**19,7**	2,2	3,7	6,1	9,9
b. Bereif. 11-28 AS (nur G 45)	bis km/h	1,1	1,9	3,1	5,1	4,0	6,9	11,3	**18,3**	2,0	3,4	5,6	9,1

Schnellgangausführung

Geschwindigkeiten	Gänge vorwärts:	1.	2.	3.	4.	5.	6.	7.	8.	rückwärts 1.	2.	3.	4.
b. Bereif. 11-28 AS (nur G 45)	bis km/h	1,7	2,9	4,8	7,8	6,2	10,5	17,3	**28,0**	3,1	5,3	8,6	14,0
b. Bereif. 11-32, 13-28, 9-36 AS	bis km/h	1,6	2,7	4,5	7,2	5,7	9,7	16,0	**25,9**	2,9	4,9	8,0	13,0

Vorderradantrieb (bei Allrad) — Lenk-Triebachse mit Differential, pendelnd aufgehängt, angetrieben über Lamellenkupplung, im Fahren unter Last ein- und ausschaltbar

Zapfwellen hinten — Motorzapfwelle 558 u. 1116 U/min
vorn (Mehrpreis) — Motorzapfwelle 1161 U/min
} nach DIN 9611, 35 mm = 1³/₈" Ø. Beide nach Traktormeter auf Normdrehzahl einzustellen.

Regelhydraulik-Kraftheber — automatische Regelung nach Zugwiderstand und Lage sowie Freigang
1 Zusatzsteuergerät serienmäßig (1 weiteres Mehrpreis)
Arbeitsvermögen — 1210 mkp
Hubkraft Unterlenker — 1910 kp unten, 1620 kp waagerecht, 1440 kp oben (a. d. Kupplungsp.) (b. Gr. 1)
Dreipunktaufhängung — Gr. 2 einschl. verl. Anhängeschiene und starrer Fixierung (wahlw. Gr. 1)

Zugpendel/Zugmaul (Mehrpreis) — höhenverstellbar, Ausschwenkung je 30°, arretierbar

Frontlader (Mehrpreis) — Bauart GÜLDNER-BAAS, Größe 3

Bereifung vorn — 6,00–16 AS-Front, Allrad: 6,50–20 oder 7,50–18 extra Special
hinten — 9–36 AS, 11–28 AS, 11–32 AS oder 13–28 AS, Allrad: 9–36 AS, 11–32 AS oder 13–28 AS

Abmessungen
Spurweite vorn — 1360 mm, 1275–1775 mm mit ausziehbarer Vorderachse, Allrad: 1375 mm
hinten — 1360 mm, 1500 mm durch Umdrehen der Scheibenräder
Radstand — 2092 mm, Allrad: 2102 mm
Länge — 3480 mm, Allrad: 3564 mm, (Dreipunktaufhängung waagerecht)
Breite — 1662 mm (11–32 AS), Allrad: 1750 mm (11–32 AS)
Höhe Oberkante Lenkrad — 1510 mm (11–32 AS), Allrad: 1540 mm (11–32 AS)
Verdeck — 2240 mm (11–32 AS)
Bodenfreiheit ca. — 391 mm Mitte Vorderachse (11–32 AS)/Allr.: 377 mm Mitte Vorderachse (11–32 AS)
250 mm Mitte Differentialvorderachse (11–32 AS)
Wendekreisdurchmesser — 6,7 m mit Lenkbremse, 7,4 m ohne Lenkbremse
7,5 m mit Lenkbremse, 8,5 m ohne Lenkbremse (Allrad)

Gewichte
Eigengewicht mit Kraftheber — 2095 kg, Allrad: 2405 kg, einschl. 80 kg Bel.-Gewicht auf Vorderachskonsole
vorn/hinten — 765 kg / 1330 kg (11–32), Allrad: 965 kg / 1440 kg (11–32)
Leergewicht mit Kraftheber — 2170 kg Allrad: 2480 kg
Zulässiges Gesamtgewicht — 4000 kg bei Gerätetransport
Zulässige Achslast vorn — 1500 kg bei Gerätetransport
hinten — 2700 kg bei Gerätetransport
Belastungsgewichte vorn — 80 kg (serienmäßig) und 2×30 kg (Mehrpreis) an Vorderachskonsole + 2–4 Gewichte je 40 kg am Zugmaul
80 + 70 kg (bei G 45) bzw. 90 kg (bei G 45 A) an der Vorderachse
(Mehrpreis) hinten — 1 Paar Grundringe 36 kg, bis zu 3 Paar Gewichte je 100 kg an der Hinterradfelge.

Abbildungen und technische Angaben sind für die Ausführung unverbindlich. Änderungen im Interesse des Fortschritts vorbehalten.

Serienmäßige Grundausrüstung und Mindestlieferumfang

Norm-Treibradreifen und Norm-Vorderradreifen · Vollständige elektrische Beleuchtungsanlage gemäß StVZO mit Stand-, Fern- und Abblendlicht, Brems- und Blinklichtanlage, 7poliger Steckdose für Anhänger, Steckdose für Handlampe bzw. Scheibenwischanlage, Batterie 12 V, Anlasser, Signalhorn · Doppelkupplung, Motorzapfwelle mit 2 Drehzahlbereichen, genormter Zapfwellenschutz · Differentialsperre · Einzelrad-Lenkbremsen, 2. unabhängiges Bremssystem · Vordere und hintere Kotflügel · Progressiv gefederter Fahrersitz, verstellbar, schwingungsgedämpft, Sitzpolster · Mitfahrersitzbank · Hand- und Fußdrehzahlverstellung · Lenkradschaltung · Armaturenbrett, Traktormeter mit Betriebsstundenzähler, Geschwindigkeitsmesser, Drehzahlmesser, Öldruckkontrolle, Kraftstoffrestanzeige, Fernlichtanzeige, Ladekontrolle · Fernthermometer · Vordere Anhängevorrichtung, hintere Anhängevorrichtung drehbar, höhenverstellbar · Anhängeschiene mit Bodenblech (bei Lieferung ohne Kraftheber) · Regelhydraulik-Kraftheber mit Regelung nach Zugwiderstand und Lage sowie mit Freigang, Zusatzsteuergerät, Dreipunktaufhängung Größe 2, wahlweise Größe 1, starrer Fixierung, verlängerter Anhängeschiene · Belastungsgewichte an Vorderachskonsole · Zyklon-Vorabscheider zum Ölbadluftfilter · Satz Werkzeuge · Bei Allrad-Ausführung: Vordere Lenk-Triebachse mit Differential, Antrieb über Lamellenkupplung, im Fahren unter Last ein- und ausschaltbar.

Sonderausrüstungen gegen Mehrpreis

Arbeitsscheinwerfer · Belastungsgewichte vorn · Belastungsgewichte und Grundringe hinten · Bereifung vorn 6.50—16 AS-Front oder 6.00—20 AS-Front oder 6.50—20 AS-Front; hinten 9—36, 11—28 oder 13—28 AS. Bei Allrad-Ausführung: Bereifung vorn 7.50—18 extra Spezial, hinten 9—36 AS oder 13—28 AS · Druckluft-Bremsanlage · Frontlader mit Arbeitsgeräten · Heizung · Hydraulischer Kraftheber, Zwillingssteuergerät, Raddruckverstärker (Minderpreis gegenüber Regelhydraulik) · Lenkradfeststellung · Mähantrieb · Mähwerk komplett, hydraulisch oder mechanisch ausgehoben · Riementriebe mit und ohne verlängerter Zapfwelle · Seilwinde komplett · Verdecke mit Scheibenwischanlage · Vorderachse ausziehbar, Hinterradfelgen verstellbar · Vordere Motorzapfwelle abschaltbar · Zugpendel · Schnellgang, Rückspiegel, verlängerter Vorderrad-Kotflügel · Komfort-Sitz · Hydraulische Lenkhilfe bei G 45 A.

Warum nicht gleich einen Güldner aus dem Hause Linde

Linde Aktiengesellschaft Werksgruppe Güldner Aschaffenburg
875 Aschaffenburg, Postfach 62, Telefon (06021) 341, FS 04-188707
Telegramme: lindegueldner aschaffenburg

Verkaufsbüro-Anschriften

Aschaffenburg: 8756 Kahl/Main, Hanauer Landstraße 96, Tel.: (06188) 550 u. 559
Hamburg: 2072 Bargteheide, Am Bahnhof, Telefon: (04532) 6571
Hannover: 3011 Laatzen, Mannheimer Straße 5, Telefon: (0511) 864064 u. 65
Köln: 5039 Sürth, Grüner Weg 6–12, Telefon: (02236) 65454
Nürnberg: 85 Nürnberg, Wetzendorfer Straße 217, Telefon: (0911) 32331 u. 332
München: 8 München 25, Ötztaler Straße 3, Telefon: (0811) 779011
Stuttgart: 7257 Ditzingen, Siemensstraße 14, Telefon: (07156) 6056 u. 57

GÜLDNER G60
G60A

Technische Daten G 60/G 60 A 60/67 PS

Motor LINDE-GÜLDNER-Sechs-Zylinder-Viertakt-Diesel Typ 6 L 79 – luftgekühlt
Leistung, Drehzahl: 60 PS nach DIN 70020/67 PS nach SAE gr. hp. bei 2000 U/min
Bohrung, Hub: 100 mm ⌀, 100 mm
Hubraum: 4,71 Liter
Kühlung: Luft, durch Axialgebläse
Kupplung: F & S-Zweifachkupplung serienmäßig, unabhängige Betätigung
Getriebe: ZF A 216/II
Getriebeabstufung

Gänge vorwärts		1.	2.	3.	4.	5.	6.	7.	8.	rückwärts 1.	2.	3.	4.
b. Bereif. 13-30 AS	bis km/h	1,59	2,63	4,27	7,16	5,68	9,38	15,24	25,57	2,75	4,54	7,37	12,37
b. Bereif. 14-30 AS	bis km/h	1,63	2,70	4,38	7,34	5,83	9,62	15,63	26,22	2,82	4,66	7,56	12,69
b. Bereif. 12-36 AS, 15-30 AS	bis km/h	1,72	2,83	4,60	7,72	6,12	10,12	16,43	27,57	2,96	4,90	7,95	13,34

Vorderradantrieb (bei Allrad): Lenk-Triebachse mit Differential, GLA - 2554 (serienmäßig) oder AL - 1550 (Sonderausrüstung Mehrpreis), pendelnd aufgehängt, angetrieben über Lamellenkupplung, im Fahren unter Last ein- und ausschaltbar

Zapfwellen hinten: nach DIN 9611, 35 mm = 1⅜" ⌀
Motorzapfwelle 551 und 1080 U/min, beide nach Traktormeter auf Normdrehzahl einzustellen, als freie Zapfwelle auch während der Fahrt ab- und zuschaltbar.

Regelhydraulik-Kraftheber: automatische Regelung nach Zugwiderstand und Lage sowie Freigang
1 Zusatzsteuergerät serienmäßig (1 weiteres gegen Mehrpreis)

Arbeitsvermögen: 1400 mkp
max. Hubkraft a.d. Ackerschiene: 2200 kp
Dreipunktaufhängung: Größe 2, einschl. verl. Anhängeschiene und starrer Fixierung
Zugpendel mit Zugmaul (Mehrpreis): höhenverstellbar, Ausschwenkung je 30°, arretierbar
Frontlader (Mehrpreis): Bauart GÜLDNER-BAAS, Größe 3
Bereifung vorn: 7,50-18 AS-Fr. (6 PR) oder 6,00-20 AS-Fr. (6 PR) oder 6,50-20 AS-Fr. (6 PR)
Allrad: 7,50-18e. Spez. (6 PR) oder 10,5-18e. Spez. (6 PR) oder 10,5-20e. Spez.
(7,50-18e. Spez. und 10,5-18e. Spez. nur bei 13-30 AS oder 14-30 AS
10,5-20e. Spez. nur bei 12-36 AS oder 15-30 AS)
hinten: 12-36 AS oder 13-30 AS oder 14-30 AS oder 15-30 AS

Abmessungen
Spurweiten vorn: 1510 mm
Allrad: 1375 mm b. 7,50-18e. Spez. bzw. 1441 mm b. 10,5-18e. Spez. und 10,5-20e. Spez. b. Lenkachse GLA-2554 (bzw. 1500 mm b. 10,5-20e. Spez. bei Lenkachse AL-1550)
hinten: 1500 mm (1750 mm durch Umdrehen der Scheibenräder)
Radstand: 2315 mm
Länge: ca. 3955 mm (Unterlenker waagerecht)
Breite: ca. 1865 mm (13-30 AS)
Höhe Oberkante Lenkrad: ca. 1620 mm (13-30 AS)
Verdeck: ca. 2350 mm
Bodenfreiheit: 400 mm Mitte Vorderachse;
Allrad: 380 mm Mitte Vorderachse, 290 mm Mitte Differential (Vorderachse) b. 10,5-20e. Spez.
Wendekreisdurchmesser: ca. 7,15 m mit Lenkbremse, 8,30 m ohne Lenkbremse
Allrad: 9,10 m mit Lenkbremse, 10,20 m ohne Lenkbremse

Gewichte
Eigengewicht mit Kraftheber: 2750 kg (14-30 AS); Allrad: ca. 2990 kg (14-30 AS)
vorn/hinten: 1005 kg / 1745 kg (14-30 AS); Allrad 1185 kg / 1805 kg (14-30 AS)
Leergewicht mit Kraftheber: 2825 kg (14-30 AS); Allrad: ca. 3065 kg (14-30 AS)
Zulässiges Gesamtgewicht (bei Gerätetransport): 4400 kg; Allrad: 4400 kg
Zulässige Achslast (bei Gerätetransport) vorn: 1650 kg; Allrad: 1750 kg
hinten: 3400 kg; Allrad: 3400 kg
Belastungsgewichte vorn (Mehrpreis): 80 + 70 kg an der Vorderachse
Allrad: 90 kg a. d. Vorderachse;
am vorderen Zugmaul bis 4 × 40 kg (6 × 40 kg)
hinten (Mehrpreis): 1 Paar Grundringe 36 kg, bis zu 3 Paar Gewichte je 100 kg

Abbildungen und technische Angaben sind für die Ausführung unverbindlich. Änderungen im Interesse des Fortschritts vorbehalten.

Serienmäßige Grundausrüstung und Mindestlieferumfang

Norm-Triebradreifen 12—36 AS und Norm-Vorderradreifen 6,00—20 AS-Front (6 PR) · vollständige elektrische Beleuchtungsanlage gemäß StVZO mit Stand-, Fern- und Abblendlicht, Brems- und Blinklichtanlage, 7poliger Steckdose für Anhänger, Steckdose für Handlampe bzw. Scheibenwischanlage, Batterie 12 V, Anlasser, Signalhorn · Zweifachkupplung, Motorzapfwelle mit 2 Drehzahlbereichen fahrunabhängig schaltbar- genormter Zapfwellenschutz · Differentialsperre · Einzelrad-Lenkbremsen, 2. unabhängiges Bremssystem · Vordere und hintere Kotflügel · Progressiv gefederter, gepolsterter Fahrersitz, verstellbar, schwingungsgedämpft. Mitfahrersitzbank · Hand- und Fußdrehzahlverstellung · Lenkradschaltung · Armaturenbrett, Traktormeter mit Betriebsstundenzähler, Geschwindigkeitsmesser, Drehzahlmesser, Öldruckkontrolle, Kraftstoffrestanzeige, Fernlichtanzeige, Ladekontrolle. Fernthermometer · Vordere Anhängevorrichtung, hintere Anhängevorrichtung drehbar, höhenverstellbar · Anhängeschiene mit Bodenblech (bei Lieferung ohne Kraftheber) · Regelhydraulik-Kraftheber mit Regelung nach Zugwiderstand und Lage, Freigang, Zusatzsteuergerät, Dreipunktaufhängung Größe 2, starrer Fixierung, verlängerter Anhängeschiene · Satz Werkzeuge · Zyklon-Vorabscheider z. Ölbad-Luftfilter · Rückspiegel.

Bei Allrad-Ausführung: Vordere Lenktriebachse mit Differential, Antrieb über Lamellen-Kupplung, im Fahren unter Last ein- und ausschaltbar. Vorderradbereifung 7,50—18 extra-Spez. (b. 13—30 AS, 14—30 AS) bzw. 10,5—20 extra-Spez. (b. 12—36 AS u. 15—30 AS)

Sonderausrüstung gegen Mehrpreis:

Arbeitsscheinwerfer · Belastungsgewichte vorn · Belastungsgewichte und Grundringe hinten · Bereifung vorn 7,50—18 AS-Front (6 PR) oder 6,50—20 AS-Front (6 PR) · hinten 13—30 AS oder 14—30 AS oder 15—30 AS · Druckluftbremsanlage · Frontlader mit Arbeitsgeräten · Heizung · Hydraulischer Kraftheber, Zwillingssteuergerät mit Raddruckverstärker (Minderpreis gegenüber Regelhydraulik) · Lenkradfeststellung · Riementriebe mit und ohne verlängerter Zapfwelle · Seilwinde komplett · Verdeck mit Scheibenwischanlage · Hydroblocklenkung.
Bei Allrad-Ausführung: Bereifung vorn: 10,5—18 extra Spezial (b. 13—30 AS; 14—30 AS).
hinten: 13—30 AS oder 14—30 AS oder 15—30 AS.

Warum nicht gleich einen Güldner aus dem Hause Linde

Linde Aktiengesellschaft Werksgruppe Güldner Aschaffenburg
875 Aschaffenburg, Postfach 62, Telefon (06021) 341, FS 04-188 707
Telegramme: lindegueldner aschaffenburg

Verkaufsbüro-Anschriften
Aschaffenburg: 8756 Kahl/Main, Hanauer Landstraße 96, Tel.: (06188) 550 u. 559
Hamburg: 2072 Bargteheide, Am Bahnhof, Telefon: (04532) 6571
Hannover: 3011 Laatzen, Mannheimer Straße 5, Telefon: (0511) 864064 u. 65
Köln: 5039 Sürth, Grüner Weg 6–12, Telefon: (02236) 65454
München: 8 München 25, Ötztaler Straße 3, Telefon: (0811) 779011
Nürnberg: 85 Nürnberg, Wetzendorfer Straße 217, Telefon: (0911) 32331 u. 332
Stuttgart: 7257 Ditzingen, Siemensstraße 14, Telefon: (07156) 6056 u. 57

GÜLDNER G 75
GÜLDNER G 75 ALLRAD

Der schwere Traktor mit hohen Leistungsreserven für Dauereinsatz unter schwierigsten Bodenverhältnissen und auf großen Steigungen auch mit ALLRAD-Antrieb. Geeignet für Bodenbearbeitung mit großen Arbeitsbreiten, zum Betrieb größter Erntebergungsmaschinen und Spezialgeräte, für schwersten Zug auf weichem Grund, vielseitigen Forsteinsatz, Meliorationen, Wegebau, Frontladereinsatz in Kies- und Sandgruben – in Landwirtschaft und Gewerbe.

65 PS
70 PS

Robuster, temperamentvoller und laufruhiger LINDE-GÜLDNER-Diesel-Traktor im Baukastensystem.

Luftgekühlter Sechszylinder-Viertakt-LINDE-GÜLDNER-Diesel-Motor mit großen Kraftreserven, sparsam im Verbrauch.

Gangabstufungen mit 8 Vorwärts- und 4 Rückwärtsgängen für die in der Praxis benötigten Geschwindigkeiten bis 25 km/h. Lenkradschaltung wie im Auto, robust und verschleißfrei, dadurch leichtere Frontladerarbeit, viel freier Raum vor dem Sitz. Durch enge Geschwindigkeitsabstufung und günstiges Verhältnis von Vorderachs- zu Hinterachslast für schwersten Zug und große Flächenleistung geeignet.

Wirtschaftlicher Mähdreschereinsatz und sicherer Betrieb großer Vollernter, Ballenpressen usw. durch Motorzapfwelle mit 2 Drehzahlbereichen. Front-Motorzapfwelle für Seilwinde, Riemenscheibe und kommende Geräteentwicklungen.

Mit Regelhydraulik (Mischregelung) gesteigerte Leistungen bei der Bodenbearbeitung durch automatische Gewichtsverlagerung und gleichbleibenden Tiefgang.

Durch Allrad-Antrieb mit großer Bodenfreiheit gesteigerte Zugkraft, Lenkfähigkeit und Flächenleistung. Im Fahren unter Last ein- und ausschaltbar.

Durch Lenkrad-Schaltung und Allrad-Antrieb erhöhte Ladeleistung mit Frontlader bei leichter Bedienung auch im schwierigen Gelände. Hoher Arbeits- und Fahrkomfort auf dem geräumigen und übersichtlichen Fahrerplatz. Bequemer, nach arbeitsphysiologischen Gesichtspunkten gestalteter Sitz. Zweckmäßig angeordnete Hebel und Pedale. Serienmäßig eingebautes Traktormeter als zentrales Kontrollinstrument. Zum Schutz der Gesundheit: Heizung und geschlossenes Verdeck!

G 75/G 75 A

Serienmäßige Grundausrüstung und Mindestlieferumfang

Norm-Treibradreifen und Norm-Vorderradreifen · Vollständige elektrische Beleuchtungsanlage gemäß StVZO mit Stand-, Fern- und Abblendlicht, Brems- und Blinklichtanlage, 7-poliger Steckdose für Anhänger, Steckdose für Handlampe bzw. Scheibenwischanlage, Batterie 12 V, Anlasser, Signalhorn · Zweifachkupplung (für unabhängige Betätigung der Fahr- und Zapfwellenkupplung), Motorzapfwelle mit 2 Drehzahlbereichen, genormter Zapfwellenschutz · Differentialsperre · hydraulische Öldruckbremsanlage für Hinterräder · Einzelrad-Lenkbremsen (hydr.), 2. unabhängiges Bremssystem · Vordere und hintere Kotflügel · Progressiv gefederter Fahrersitz, verstellbar, schwingungsgedämpft, Komfort-Sitz · Mitfahrersitzbank · Hand- und Fußdrehzahlverstellung · Lenkradschaltung · Armaturenbrett, Traktormeter mit Betriebsstundenzähler, Geschwindigkeitsmesser, Drehzahlmesser, Öldruckkontrolle, Kraftstoffrestanzeige, Fernlichtanzeige, Ladekontrolle · Fernthermometer · Vordere Anhängevorrichtung, hintere Anhängevorrichtung drehbar, höhenverstellbar · Anhängeschiene mit Bodenblech (bei Lieferung ohne Kraftheber) · Regelhydraulik-Kraftheber mit Regelung nach Zugwiderstand und Lage sowie mit Freigang (Mischregelung i. V.), Zusatzsteuergerät, Dreipunktaufhängung, starrer Fixierung, verlängerter Anhängeschiene · Rückspiegel · Zyklonvorabscheider zum Ölbadluftfilter · Anbaumöglichkeit für Kriechgang · Satz Werkzeuge.
Bei ALLRAD-Ausführung: Vordere Lenk-Triebachse mit Differential, Antrieb über Lamellenkupplung, im Fahren unter Last ein- und ausschaltbar.

Sonderausrüstungen gegen Mehrpreis

Arbeitsscheinwerfer · Belastungsgewichte vorn · Belastungsgewichte hinten · Bereifung hinten 15,5–38 AS · Druckluft-Bremsanlage (i.V.) · Frontlader mit Arbeitsgeräten (i.V.) · Heizung (i.V.) · Lenkradfeststellung · Riementriebe mit und ohne verlängerter Zapfwelle · Seilwinde komplett (i.V.) · Verdecke mit Scheibenwischanlage · Zugpendel · Zeituhr · Abreißkupplung (hydr.) · Kriechgang (4 V + 2 R) · Zusatzsteuergerät · Vorderradbremse, hydr. (Allradbremse).

Abbildungen und technische Angaben sind für die Ausführung unverbindlich.
Änderungen im Interesse des Fortschritts vorbehalten.

	G 75	G 75/A
Motor	LINDE-GÜLDNER-Sechszylinder-Viertakt-Diesel 6 L 79	
Leistung, Drehzahl	65 PS bei 2000 U/min	70 PS bei 2200 U/min
Bohrung, Hub	100 mm ϕ, 100 mm	100 mm ϕ, 100 mm
Hubraum	4,71 Liter	4,71 Liter
Kühlung	Luft, durch Axialgebläse	Luft, durch Axialgebläse
Schmierung	Druckumlauf mit Ölkühler, Feinstfilterung im Hauptstrom	Druckumlauf mit Ölkühler, Feinstfilterung im Hauptstrom
Kupplung	F & S Zweifachkupplung, serienmäßig	F & S Zweifachkupplung, serienmäßig
Getriebe	Zahnradfbr. Friedrichsh., Typ T 318 I	Zahnradfbr. Friedrichsh., Typ T 318 I
Bereifung	15–30 AS und 15,5–38 AS	15–30 AS und 15,5–38 AS
1. Gang vorwärts	bis 2,1 km/h	bis 2,1 km/h
2. Gang	3,3	3,3
3. Gang	5,1	5,1
4. Gang	7,9	7,9
5. Gang	6,4	6,4
6. Gang	10,1	10,1
7. Gang	15,7	15,7
8. Gang	24,1	24,1
1. Gang rückwärts	2,6	2,6
2. Gang	4,0	4,0
3. Gang	6,2	6,2
4. Gang	9,6	9,6
Vorderradantrieb		Lenk-Triebachse mit Differential, pendelnd aufgehängt, angetrieben über Lamellenkupplung, im Fahren unter Last ein- und ausschaltbar
Zapfwellen	nach DIN 9611, 35 mm = 1³/₈″ ϕ Motor-Zapfwelle 612 und 1023 U/min	nach DIN 9611, 35 mm = 1³/₈″ ϕ Motor-Zapfwelle bis 561 und 978 U/min
	nach Traktormeter auf Normdrehzahl einzustellen	
Regelhydraulik-Kraftheber	automatische Regelung nach Zugwiderstand und Lage sowie Freigang (Mischregelung i.V.) 1 Zusatzsteuergerät serienmäßig (1 weiteres Mehrpreis)	
Arbeitsvermögen	2100 mkp	2100 mkp
Hubkraft Unterlenker	2430 kp unten, 2160 kp waagrecht, 2160 kp oben (a. d. Kupplungspunkten)	2430 kp unten, 2160 kp waagrecht, 2160 kp oben (a. d. Kupplungspunkten)
Dreipunktaufhängung	Größe 2, einschl. verl. Anhängeschiene und starrer Fixierung	Größe 2, einschl. verl. Anhängeschiene und starrer Fixierung
Zugpendel mit Zugmaul (Mehrpreis)	höhenverstellbar, Ausschwenkg. je 30°, arretierbar	
Frontlader (Mehrpreis)	Bauart GÜLDNER-BAAS, Größe 3	Bauart GÜLDNER-BAAS, Größe 3
Bereifung vorn	7,50–18 AS Front	10,5–20 extra Special
hinten	15–30 AS, 15,5–38 AS	15–30 AS, 15,5–38 AS
Abmessungen		
Spurweiten vorn	1510 mm	1500 mm
hinten	1500 mm (1750 mm durch Umdrehen der Scheibenräder)	1500 mm (1750 mm durch Umdrehen der Scheibenräder)
Radstand	2416 mm	2416 mm
Länge	4200 mm (Dreipunktaufhängung waagrecht)	4200 mm (Dreipunktaufhängung waagrecht)
Breite	ca. 1945 mm (15-30)	1945 mm (15-30)
Höhe Oberkante Lenkrad	1650 mm (15–30)	1650 mm (15–30)
Verdeck	2370 mm (15–30)	2370 mm (15–30)
Bodenfreiheit	400 mm Mitte Vorderachse	325 mm Mitte Vorderachse 275 mm Differential-Vorderachse
Gewichte		
Eigengewicht mit Kraftheber	3050 kg (15-30)	3250 kg (15-30)
vorn/hinten	1080 kg / 1970 kg (15–30)	1230 kg / 2020 kg (15-30)
Leergewicht mit Kraftheber	3125 kg	3325 kg
Zulässiges Gesamtgewicht bei Gerätetransport	5000 kg (15-30)	5000 kg (15-30)
Zul. Achslast vorn/hinten	2000 kg / 3600 kg	2000 kg / 3600 kg
Belastungsgewichte		
vorn (Mehrpreis)	4 x 40 kg am Vorderachs-Konsol	
hinten (Mehrpreis)	6 x 50 kg Zusatzgewichte + 2 Paar Grundringe (36 kg)	

Dr. Nr. 1840/66

LINDE AKTIENGESELLSCHAFT WERKSGRUPPE GÜLDNER ASCHAFFENBURG
8750 Aschaffenburg Postfach 62 · Telefon 21311 · FS 04/188707 · Telegramme lindegueldner aschaffenburg · Telex 04/188707

Hydrocar

Wer in München auf der DLG-Schau 1955 den Güldner-Stand aufgesucht hatte, konnte dort ein recht interessantes Allzweckfahrzeug sehen, das sich vielseitig einsetzen ließ.

Der Güldner-„Hydrocar" lehnte sich in seiner allgemeinen Konstruktion an den bekannten Elektrokarren an und wurde wie dieser zunächst als inner- und außerhalb eines Werkes einsetzbares Transportfahrzeug entwickelt. Es war möglich ihn mit einer hydraulisch kippbaren Mulde von 1,5 Kubikmeter Fassungsvermögen und 1,2 Tonnen Tragkraft oder mit einem Staplergerüst für Hub- und Stapelarbeiten mit der Tragkraft von 1000 kg bis zu einer Hubhöhe von 3200 mm auszurüsten. Ferner mit einem Schwenkkran für Hub- und Verladearbeiten mit einer Tragkraft von 500 kg, einer Ausladung von 2500 mm und einem Schwenkbereich von 120 Grad. Letztendlich noch mit einem Schwenkschaufler, der wahlweise mit einer Kohlen-, Sand- oder Roheisenschaufel, einem Hoch- und Tieflöffel, sowie einem Greifer ausgerüstet werden konnte. Mit einem Teil dieser Ausrüstung wurde der „Hydrocar" auch in der Bauwirtschaft rationell eingesetzt. Darüber hinaus stand aber für diesen Bereich noch ein Universal-Anbaugerät zur Verfügung, das Greifer mit Zähnen, Hoch- und Tieflöffel, Schaufler, sowie Planier- und Räumschild als Zusatzgeräte vorsah. Die Einsatzbereitschaft bei allen Bodenverhältnissen wurde durch eine aufsteckbare Halbraupe gewährleistet. Für die Baustoff-Industrie stand ein Staplergerüst mit Spezialgreifzange zur Verfügung. Ein besonders konstruierter Auspufftopf mit besonderer Dämpfung der Geräusche und Rauchentwicklung erlaubte den Betrieb auch in Hallen, Ställen. Die Sitzbank für den Fahrer konnte in beide Fahrtrichtungen benutzt werden. Er war so ausgebildet, daß zwei Personen Platz darauf fanden. Durch die hydraulische Kraftübertragung war ein stufenloses Fahren in beiden

Der Hydrocar T 2 KN wurde in 2 Versionen geliefert

Schnitt durch die Getriebe-Achse Typ T 2 K. In der Mitte die Hydro-Verstellpumpe als Primär-Einheit, beiderseits anschließend die Hydro-Motoren als Sekundäreinheiten, die Handfeststellbremse, Stirnrad-Untersetzungen und Radnaben

	TK	T 2 KN A	T 2 KN B	T 3 K
Motor	LK	2 LKN	2 LKN	3 LKN/3 LKA
Leistung in PS	6	13	13	23
Getriebe	hydrostatisch	hydrostatisch	hydrostatisch	hydrostatisch
Länge mm	2800	3565	3565	3565
Breite mm	1200	1315	1315	1315
Höhe mm	900	1485	1485	1485
Radstand	1500	1480	1480	1480
Ladehöhe		885	885	885
Ladefläche L x B	2200 x 1200	2310 x 1255	2310 x 1255	2310 x 1255
Nutzlast kg	1200	3000	2500	4000
Leergewicht kg	800	1680	1630	1740

Richtungen von 0 bis 12 km/h mit voller Motorleistung möglich. Als Antriebskraft diente der Güldner-Motor LK mit 6 PS. Laut Prospekt wurde dieses Fahrzeug auch mit 17 PS angeboten. Um welchen Motor es sich hier handelte konnte nicht festgestellt werden.

1958 überarbeitete man das Konzept des Hydrocar und erweiterte das Angebot. Allen Hydrocar-Typen gemeinsam war eine Ladefläche mit einer Länge von mm 2310 und einer Breite von 1315 mm. Den Fahrerstand für 2 Personen hatte man vor der Vorderachse angebracht. Der Antrieb erfolgte wahlweise durch den serienmäßigen Güldner-Dieselmotor, einen Vergasermotor oder einen mit Treibgas betriebenen Motor. Auch der Antrieb durch Elektrobatterien war möglich. Mit einer Zusatzpumpe ausgerüstet konnte statt der Ladefläche eine Hebebühne, Faßheber, Dreiseiten-Kipp-Pritsche oder eine Kippmulde montiert werden.

Der kleinere T 2 KN wurde in zwei Ausführungen geliefert. So hatte er in der Ausführung A eine Tragkraft von 3 t und in der Ausführung B eine Tragkraft von 2,5 t. Gemeinsam hatten sie den Motor 2 LKN mit 13 PS bei 2200 U/min eingebaut.

Der T 3 K war für eine Traglast von 4 t ausgelegt und wurde serienmäßig mit dem Güldner-Motor 3 LKN mit 23 PS bei 2200 U/min geliefert. Seine Produktion wurde Anfang der 60er Jahre eingestellt.

Konstruktionsbeschreibung des hydrostatischen Antriebes

Beim hydrostatischen Antrieb erfolgt die Kraftübertragung nur durch den ruhenden (statischen) Flüssigkeitsdruck zwischen Pumpe und Ölmotor, der durch den Fahrwiderstand hervorgerufen wird. Der Druck ist also um so höher, je größer die Belastung des Fahrzeuges und je größer die befahrene Steigung ist, er kann jedoch wegen eines eingebauten Überdruckventils 200 atü nicht überschreiten. Die Pumpe ist mit dem Steuergehäuse und den Ölmotoren durch Kanäle so verbunden, daß ein geschlossener Ölkreislauf entsteht, sobald Drucköl von der Pumpe gefördert und den Ölmotoren zugeführt wird. Die Ölmotoren setzen den Öldruck in eine Drehbewegung um, die über eine Zahnraduntersetzung auf die Räder übertragen wird. Die Regelpumpe ist so gebaut, daß ihre Ölfördermenge von Null bis zum Maximum stufenlos regelbar ist. Dieselmotoren dagegen haben je Umdre-

hung eine konstante Ölschluckmenge, so daß sie sich der jeweiligen, von der Regelpumpe geförderten Ölmenge durch Drehzahländerung anpassen müssen.

Außer diesen wirtschaftlichen Vorteilen war aber noch die einfache Bedienung des T 2 K von ausschlaggebender Bedeutung. Das Fahrzeug besaß zwei gegenläufige Fußhebel, die mit dem Regelpumpengehäuse verbunden waren. Trat man den rechten Fußhebel, so fuhr das Fahrzeug vorwärts, trat man den linken, so fuhr es rückwärts und zwar um so schneller, je größer die Auslenkung war. Nahm man die Füße von den Hebeln stand das Fahrzeug. Durch Treten des Fußhebels der entgegengesetzten Fahrtrichtung erreichte man eine äußerst wirksame Abbremsung des Fahrzeugs. Es war deshalb nur eine mechanische Handbremse nötig, die verhinderte, daß das Fahrzeug im Stillstand auf einer Steigung durch die Leckverluste hangabwärts rollte. (Theoretisch konnte es sich bei geschlossenem Kreislauf und Nullstellung der Pumpe nicht bewegen.)

Diese Bedienungsweise wußte am besten ein Fahrer zu schätzen, der mit einem Schaltgetriebe täglich bis zu 1300 Schaltungen (kuppeln, Gang einlegen, Gas geben, einkuppeln, bremsen, auskuppeln) vornehmen mußte, während er bei dem hydraulischen Getriebe nur mit zwei Pedalen zu „spielen" brauchte, um zentimetergenau durch die engen Gänge einer Fabrikhalle zu rangieren. Die Zahl der Schaltungen liegt deshalb so hoch, weil die Fahrstrecken von Industriefahrzeugen sehr kurz sind und viele Wendungen vorgenommen werden müssen.

Im Bild ist das hydraulische Getriebe schematisch dargestellt. Die Regelpumpe wird mit konstanter Drehzahl angetrieben. Die Drehbewegung wird vom Triebflansch (1) über die Pleuel (3) und Kolben (4) auf den Zylinderblock (7) übertragen. Der Zylinderblock (2) ist im Pumpengehäuse (5) drehbar gelagert. Das Pumpengehäuse selbst ist mit den beiden, durchbohrten Lagerzapfen a und b vertikal schwenkbar aufgehängt.

In der gezeichneten Stellung fördert die Regelpumpe kein Öl (Null-Lage). Der Zylinderblock läuft zwar mit dem Triebflansch, jedoch kommt durch die parallele Lage der Kolbenmittelachse zur Achse des Triebflansches keine Pumpwirkung zustande. Wird das Pumpengehäuse ausgeschwenkt, so beginnen die Kolben im Zylinderblock zu pumpen. Während der ersten halben Umdrehung saugt jeder Kolben an und während der zweiten fördert (drückt) er. Die Zu- und Abführung des Öls erfolgt über

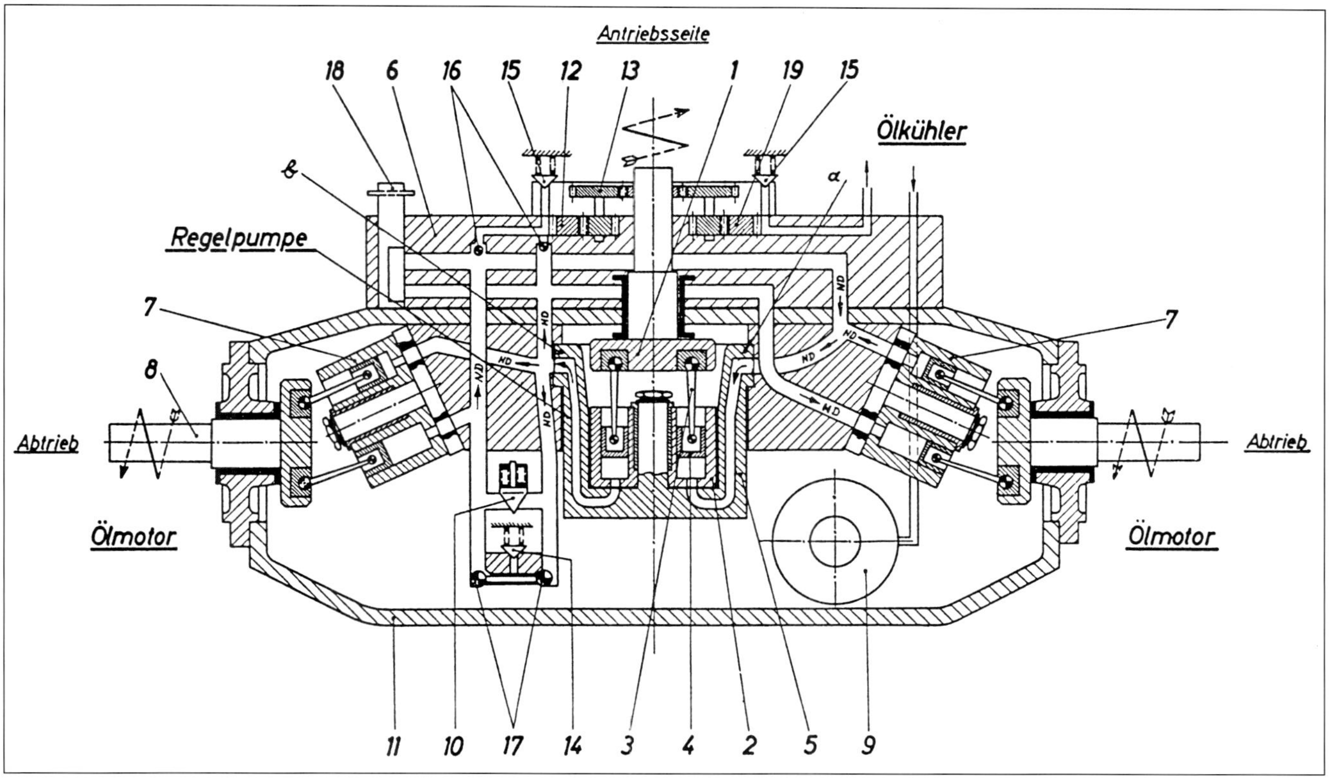

kreisringförmige Schlitze. Bild 4 zeigt einen sogenannten Steuerboden. Die Stege zwischen den Schlitzen („Nieren") befinden sich im oberen bzw. unteren Totpunkt und dichten die Hochdruckseite gegen die Saugseite ab. Je größer die Ausschwenkung, um so größer der Kolbenhub und damit die Fördermenge. Durch Ausschwenken des Pumpengehäuses in die Gegenrichtung wird die Bewegungsrichtung des Ölstromes und damit auch die Drehrichtung der Ölmotoren umgekehrt.

Der Ölmotor gleicht in seinem Aufbau und in seiner Wirkungsweise der Pumpe, nur daß hier der Zylinderblock (7) zum Antriebsflansch (8) einen unveränderlichen Winkel einnimmt.

Aus der Niederdruckleitung (ND) saugt die Regelpumpe das von den Ölmotoren zurückströmende Öl an und fördert es unter Druck in die Hochdruckleitung (HD), die es wiederum den Ölmotoren zur Arbeitsleistung zuführt. Ein Sicherheitsventil (10) begrenzt den zulässigen Druck, welcher sich in Abhängigkeit von der Belastung der Ölmotoren durch den Fahrwiderstand einstellt. Spricht das Sicherheitsventil an, so tritt Öl vom Hochdruckteil in den Niederdruckteil des Leitungssystems. Das Ölvolumen im geschlossenen Kreislauf wird dadurch nicht geändert. Die Speisepumpe (12), eine Zahnradpumpe, ist im Lagerflansch (6) eingebaut und wird von der Antriebswelle (1) über ein Zahnrad (13) angetrieben. Ein Sicherheitsventil (15) schützt sie vor Überbelastungen. Diese Speisepumpe ergänzt die unvermeidlichen Leckverluste des geschlossenen Kreislaufes aus dem Getriebegehäuse, welches als Vorratsbehälter dient. Überschüssiges Speiseöl läuft über das Spülventil (14) in das Getriebegehäuse zurück. Das Spülventil wird, unabhängig von der Drehrichtung der Ölmotoren, durch die Steuerventile (17) mit der jeweiligen Niederdruckleitung verbunden. Die Rückschlagventile (16) schließen die Speisepumpe von der Hochdruckleitung ab.

Solange das Getriebe arbeitet, findet eine ständige Erwärmung des Öles statt. Um diese Wärme abzuführen, saugt die Umwälzpumpe (19) das erwärmte Öl aus dem Getriebegehäuse, drückt es in einen Ölkühler, von dem es über ein Filter (9) wieder gekühlt in das Gehäuse zurückläuft.

Ferner ist noch eine Einrichtung vorhanden, die es ermöglicht, das Fahrzeug im Leergang zu schieben. Hierzu dient der Kurzschlußschieber (18), der in der gezeichneten Stellung Hoch- und Niederdruckseite unmittelbar miteinander verbindet. Dadurch kann sich kein Öldruck aufbauen. Die Ölmotoren, die bei geschobenem Fahrzeug als Pumpe wirken, sind hier kurzgeschlossen und arbeiten leer gegeneinander. Durch Drehen des Schiebers werden Hoch- und Niederdruckseite wieder voneinander getrennt.

Von Carl Linde zur Gesellschaft für Linde's Eismaschinen

Wer sich mit Güldner beschäftigt stößt irgendwann auch auf den Namen Carl von Linde. Er wurde am 11. Juni 1842 im fränkischen Berndorf als Sohn eines Pfarrers geboren. Im Zürcher Polytechnikum studierte er von 1861 bis 1864 die noch neue Wissenschaft der Thermodynamik und war bemüht wissenschaftliche Grundlagen mit Ingeneurleistung zu verknüpfen. Mit ausgezeichnetem Rüstzeug ausgestattet, trat er 1864 seine Ingenieurlaufbahn an. In Werkstätten und Büros bedeutender Werke lernte er die Wirklichkeit der Maschinenbautechnik kennen.

Nach einer umfassenden wissenschaftlichen Bildung und jahrelanger praktischer Erfahrung im Maschinenbau wurde er bereits mit 27 Jahren Professor an der Polytechnischen Schule in München. Als außerordentlicher Professor nahm Carl Linde erstmalig die Theorie der Kältemaschinen in das Lehrgebiet des Maschinenbaues auf. Nachdem er alle zu jener Zeit bekannten, durchweg mit technischen Mängeln behafteten Konstruktionen von Kältemaschinen untersucht hatte, erschien 1870 seine grundlegende Arbeit: „Über die Wärmeentziehung bei niedrigen Temperaturen durch mechanische Mittel".

Carl von Linde

Weitere Arbeiten auf diesem Gebiet folgten und 1872 wurde Linde zum ordentlichen Professor ernannt. 1873 setzte er sich auf dem internationalen Brauer-Kongreß in Wien für die Kaltdampfmaschine nach seinen Ideen ein. Er hatte ihr System als richtig erkannt, ihre Arbeitsweise sorgfältig berechnet. Die Brauereien mußten an der Möglichkeit, Kälte maschinell zu erzeugen, besonders interessiert sein. Wenn ihnen der natürliche Eisvorrat in heißen Sommern wegschmolz, hatte das unangenehme Folgen. Die erste technische brauchbare Kältemaschine wurde dann vier Jahre später also 1877 in einer Brauerei in Triest aufgestellt. Dort arbeitete sie bis 1908 zur vollsten Zufriedenheit ihrer Auftraggeber.

Am 21. Juni 1879 ließen Dr. Carl Linde und einige Industrielle eine Firma eintragen unter der Bezeichnung „Gesellschaft für Linde's Eismaschinen Aktiengesellschaft" mit dem Sitz in Wiesbaden. Linde brachte Konstruktion und Schutzrechte seiner Ammoniak-Kältemaschine ein. Auf Wunsch der Mitgesellschafter übernahm er die Leitung des Unternehmens.

Mit Zähigkeit und Energie packte er die neuen Aufgaben an und widmete sich ganz dem Ausbau des nach ihm benannten Unternehmens und leitete damit die Geschichte der Kälteindustrie ein. Elf Jahre währte seine Tätigkeit als Vorstand der Gesellschaft Linde.

Als er sich danach, wie bei der Gründung des Unternehmens ausbedungen, wieder der Lehrtätigkeit und seinen wissenschaftlichen Forschungen zuwandte, war die Kältetechnik bereits zu einem unentbehrlichen Faktor der Volkswirtschaft geworden. Nun begann Carl Linde, die Probleme der Erzeugung tiefer Tempera-

Carl von Linde konstruierte die erste technisch einwandfreie Kältemaschine, die 1877 in einer Brauerei in Triest aufgestellt wurde und bis 1908 lief. Sie ist heute im Technischen Museum in Wien zu sehen

Die Gesellschaft Linde hat seit ihrem Bestehen zahlreiche Kunsteisbahnen gebaut. Sie bieten den Freunden des Eislaufsportes die Möglichkeit, sich auch ohne strengen Frost auf dem Eis zu tummeln, wie zum Beispiel hier in Landshut

turen eingehender zu studieren, wobei ihn die Verflüssigung der Luft besonders beschäftigte. Durch Ausnutzung thermodynamischer Erkenntnisse gelang es ihm 1895 einen relativ einfachen Apparat zu bauen, der erstmalig drei Liter flüssige Luft in der Stunde lieferte. Wenn man bedenkt, daß es bis dahin anderen Wissenschaftlern nur gelungen war, mit Hilfe umständlicher Verfahren winzige Mengen davon labormäßig zu erzeugen, war die Erfindung von Carl Linde ein bedeutender Fortschritt auf diesem Gebiet. Erst durch die Bereitstellung von billigem Sauerstoff in großen Mengen wurde später die Entwicklung der autogenen Schweiß- und Schneidtechnik möglich.

Am 16. November 1934 verstarb, der zu Lebzeiten noch geadelte, Carl von Linde im Alter von 92 Jahren in München.

Aus der Geschichte der Gesellschaft für Linde's Eismaschinen

Mit ein paar Büroräumen in Wiesbaden begann es. Von ihnen aus wurde die technische Welt nachhaltig beeinflußt.

Die Gesellschaft Linde hat von der Gründung an schnell Bedeutung gewonnen. Vom Wiesbadener Stammhaus, das den Charakter eines Ingenieurbüros behielt, wurden frühzeitig firmeneigene Kühlhäuser und Eisfabriken errichtet. Sobald Carl von Linde, der dem Unternehmen von 1897 an als Vorsitzer des Aufsichtsrates diente, mit der Luftverflüssigung eine weitere technische Großtat gelungen war, wurde eine eigene Fabrikationsstätte in Höllriegelskreuth vor den Toren Münchens in Betrieb genommen. Ihr schlossen sich in späteren Jahren zahlreiche Sauerstoff und Azetylenwerke an.

Carl von Lindes Söhne, Dr. Friedrich und Dr. Richard Linde, und sein Schwiegersohn, Dipl. Ing. Rudolf Wucherer, traten in die Gesellschaft ein, deren Kapital sich von ursprünglich 200 000 Mark bis zum Jahre 1900 auf fünf Millionen Mark erhöht hatte.

Ungewöhnliche Erfolge führten auch im neuen Jahrhundert steil aufwärts. Trotz kriegsbedingter Rückschläge konnte die Gesellschaft 1916 wesentliche Anteile der Deutschen Oxyhydric AG. und 1920 die diesem Unternehmen gehörende Maschinenfabrik Sürth erwerben.

1924 richtete man in Höllriegelskreuth eine Lehrwerkstatt ein und es erfolgte die Lieferung der ersten Koksgas- Zerlegungsanlage nach Belgien. Nach einigen schwierigen Inflationsjahren wurde das Aktienkapital auf 11 Millionen Goldmark umgestellt. Es stieg bis 1926 auf 16,5 Millionen. In diesem Jahre kaufte die Gesellschaft die Firma G. H. Walb & Co. in Mainz Kostheim. 1928 schloß man einen Vertrag mit M. Fränkl über die Verwertung von Fränkl-Erfindungen für Tieftemperaturtechnik. Im Jubiläumsjahr 1929 erwarb die Gesellschaft Linde die Güldner-Motoren-Werke in Aschaffenburg und 1931 beteiligte man sich an der Marx &

Traube GmbH, Frankfurt am Main, mit einem Anteil von 50%. Die vollständige Übernahme folgte im Jahre 1935 mit folgender Umbenennung in Matra-Werke GmbH. Im gleichen Jahr erfolgte die Inbetriebnahme des Kühlhauses München-Süd. Ein Jahr später eröffnete man das Linde-Eis- und Schwimmstadion in Nürnberg. Während des Krieges erbaute man 1943 einen Produktionsbetrieb für Apparatefertigung in Schalchen

Der zweite Weltkrieg brachte sehr schwere Verluste. So wurden die Werke in Höllriegelskreuth, Sürth, Mainz-Kostheim und Aschaffenburg fast vollständig zerstört. Ebenso verlor man wieder sämtliche Auslandpatente und Rechte. Trotzdem beteiligte man sich am Neubau der Sauerstoffwerk Wilhelmshaven GmbH. Mit der DM-Eröffnungsbilanz im Jahre 1948 weist Linde ein Kapital von DM 34 266 000 aus. Das Unternehmen hat zu diesem Zeitpunkt 4100 Mitarbeiter. Bis zum Jahre 1949 waren die schwersten Kriegsschäden in den zerstörten Werken weitgehend beseitigt und es erfolgte eine Zusammenlegung der Verwaltung in Wiesbaden. 1951 gründete man die „Wohnungsbau GmbH Linde" ein Gemeinnütziges Wohnungsunternehmen in Wiesbaden der ein Jahr später die Gründung der Betriebskrankenkasse Linde folgte. Eine weitere Leistung war 1953 die Fertigstellung des größten bisher in Europa gebauten Luftzerlegers mit einer Leistung von 13 000 kg/h Sauerstoff und 22 000 kg/h Stickstoff. Er wurde in die USA geliefert. Das Jahr 1955 beinhaltete die Vorstellung des ersten Hydrocars, eines Transportfahrzeuges mit hydrostatischem Antrieb und den Bau einer Anlage zur Abtrennung von schwerem Wasserstoff bei Prozeßtemperaturen von minus 252 Grad Celsius. Als erste größere Auslandsbeteiligung nach dem 2. Weltkrieg erfolgte 1956 die Mitgründung der TEGA-Technische Gase Ges.m.b.H., Obereggendorf, in Österreich.

1958 beginnt der Serienbau von Hydraulikeinheiten und Flurförderzeugen und der Aufbau des Werks Lohhof für das Arbeitsgebiet Technische Gase. 1960 verlagerte man das Arbeitsgebiets Großkälte von Wiesbaden nach Sürth. Das Unternehmen gibt 1961 erstmals Belegschaftsaktien aus und das Grundkapital wird auf DM 65 Mio. erhöht. Nach verschiedenen Umstrukturierungsmaßnahmen wird das Sürth-Werk und das ehemalige Werk von Walb & Co in Mainz-Kostheim zur Werksgruppe Kälte zusammengefaßt.

1965 erfolgte die Änderung des Firmennamens in „Linde Aktiengesellschaft". Linde erhält den Zuschlag zum Bau einer petrochemischen Großanlage und macht damit den ersten Schritt in das weltweite Großanlagengeschäft. Weitere Gründungen in diesem Jahr war die Linde Hausgeräte GmbH als Vertriebsgesellschaft in Wiesbaden und die Kühlhaus Linde Nürnberg GmbH. Zudem erfolgte nach der Bau des Kühlhauses München-Nord für die neugebildete Werksgruppe Kühlhäuser.

In Jahre 1967 erfolgte schließlich die Abgabe des Linde-Hausgerätegeschäfts an die AEG, die sich mit 75% an der Linde Hausgeräte GmbH beteiligt, in die Linde das Kühlmöbelwerk Mainz-Kostheim einbringt

Nach Einstellung der Traktoren- und Dieselmotorenproduktion bei der Werksgruppe Güldner Aschaffenburg im Jahre 1969 erfolgt dort die Konzentration auf die Wachstumssparten Flurförderzeuge und Hydraulik.

Anzahl der gebauten Schlepper

Schlepper	Gebaut von	bis	Motor	PS	Stückzahl
A 20	1937	1942	1 F	20	1528
A 30	1941	1942	2 E	30	20
AZ 25	1941	1944	2 Z	25	186
A 28	1946	1948	2 F	28	1113
AF 30	1948	1951	2 F	30	
A 15, AF 15	1949	1954	2 D 15	16	7366
AF 20	1951	1952	2 DA	22	3499
AF 30 P	1951	1952	2 F	30	971
ADA	1952	1955	2 DA	22	2748
AFN	1952	1957	2 FN	35	950
ADN	1953	1958	2 DN	16	
ADN	1958	1959	2 DNS	16	7827 zusammengefaßt
AFS	1953	1957	2 FN	28	245
AZK	1953	1958	2 K/2 KN	14	5478
ABN	1954	1958	2 BN	25	
ABN	1958	1958	2 BS	25	3626 zusammengefaßt
ADS	1954		2 DN	18	356
ALD	1954	1959	2 LD	17	2737
ABS	1955	1958	2 BN	22	
ABS	1958	1958	2 BS	22	1685 zusammengefaßt
ALB, ABL	1955	1959	2 LB	25	1430
ALK	1955	1957	2 LK	12	1235
Multitrak	1955	1957	2 LD	17	486
AK, A 2 K, A 2 KN	1956	1962	2 LKN	15	7114
AX, A 1 X	1956	1959	LX	11	975
A 3 P	1957	1959	P 3/144	32	176
AB	1958	1959	2 BS	25	1034
ADK	1958	1959	2 DNS	15	558
A 2 B	1959	1960	2 BS	25	333
A 2 BL	1959	1960	2 LB	25	310
A 2 D	1959	1960	2 DNS	20	574
A 2 DL	1959	1960	2 LD	20	499
A 2 L	1959	1962	2 LD	20	740
A 2 W	1959	1962	2 DNS	20	758
A 3 K	1959	1962	3 LKN	25	3630
A 3 KT	1959	1962	3 LKN	25	548
A 4 M/MS	1959	1962	OM 636 E-VI	34	2287
A 3 KA	1962	1962	3 LKA	25	2754
A 3 KTA	1962	1965	3 LKA	25	251
AL	1962	1962	2 LD	20	700
AW	1962	1962	2 DNS	20	251
A 2 KS, G 15	1962	1969	2 LKN	15	3810
G 25, G 25 S, G 25 E	1963	1969	2 L 79	24	4342
G 30, G 30 S	1963	1969	3 L 79	32	8810
G 35, G 35 S	1967	1969	3 L 79	35	2802
G 35 A, G 35 AS	1967	1969	3 L 79	35	368
Tolede/G 40, G 40, G 40 S	1962	1968	3 L 79	38	7613
G 40 A, G 40 AS	1963	1968	3 L 79	38	1147
G 40 W	1965	1969	3 L 79	38	310
G 45, G 45 S	1965	1969	4 L 79	45	3226
G 45 S, G 45 AS	1965	1969	4 L 79	45	1054
Gotland/G 50, G 50, G 50 S	1963	1969	4 L 79	50	1845
G 50 S, G 50 AS	1963	1969	4 L 79	50	685
G 60, G 60 S	1968	1969	6 L 79	60	261
G 60 A, G 60 AS	1968	1969	6 L 79	60	191
G 75, G 75 S	1965	1967	6 L 79	70	149
G 75 A, G 75 AS	1967	1969	6 L 79	75	201

Schlepper Abmessungen und Gewichte

Schlepper	Gebaut von	bis	Motor	PS	Abmessungen mm Länge	Breite	Höhe	Radstand	Spurweiten mm Hinterrad vorn	Allrad vorn	Hinten	Achslasten kg Vorderachslast	Hinterachslast	Eigengewicht kg	zulassige Achslasten kg Vorderachslast	Hinterachslast	Gesamtgewicht kg
A 20	1937	1942	1 F	20	2650	1520	2000	1660	1270		1270						
A 30	1941	1942	2 E	30	2920	1640	1790	1790	1270/1430		1270/1480			2040			
AZ 25	1941	1944	2 Z	25	3370	1640	1910	2200	1270		1270						
A 28	1946	1948	2 F	28	2920	1640	1680	1790	1270/1430		1270/1480			1825			
AF 30	1948	1951	2 F	30	2920	1640	1680	1790	1270/1430		1270/1480			2040			
A 15	1949	1950	2 D 15	16	2650	1512	1500	1550	1250/1410		1250/1426			1225			
AF 15	1949	1954	2 D 15	16	2650	1578	1500	1550	1250/1410		1250/1426			1225			
AF 20	1951	1952	2 DA	22	2650	1578	1500	1550	1250/1410		1250/1426			1225			
AF 30 P	1951	1952	2 F	30	2920	1640	1680	1790	1270/1430		1270/1480			2040			
ADA	1952	1955	2 DA	22	2880	1585	1690	1785	1250/1410		1250/1426						
AFN	1952	1957	2 FN	35	3060	1585	1680	1902	1250/1410		1250/1500			1870			
ADN	1953	1958	2 DN	16	2825/2635	1514	1570	1790/1600	1270/1430		1250/1500	500	600	1100			
AFS	1953	1957	2 FN	28	3060	1585	1680	1902	1250/1410		1250/1500			1870			
AZK	1953	1958	2 K/2 KN	14	2785/2595	1514	1575	1748/1558	1250/1430		1250/1500	460	590	1050			
ABN	1954	1958	2 BN	25	2960	1585	1725	1870	1270/1430		1250/1500	550	875	1425			
ADS	1954		2 DN	18	2825	1514	1570	1790	1270/1430		1250/1500	500	600	1100			
ALD	1954	1959	2 LD	17	2860	1514	1575	1775	1270/1430		1250/1500	475	575	1050			
ABS	1955	1958	2 BN	22	2960	1585	1725	1870	1250/1430		1250/1500	550	870	1420			
ALB	1955	1958	2 LB	22	2900	1585	1725	1886	1250/1430		1250/1500	525	875	1400			
ALK	1955	1957	2 LK	12	2805	1514	1575	1723	1250/1430		1250/1500	430	595	1025			
Multitrak	1955	1957	2 LD	17	2760-3580	1690-2230	1580	1730-2550	1250-2000		1250-2000	430	800	1230			
AK	1956	1959	2 LKN	13	2660	1470	1560	1650	1250/1500		1250/1500	410	450	860			
AX/A 1 X	1956	1959	LX	11	2630	1470	1460	1650	1250/1500		1250/1500	380	420	800			
A 3 P	1957	1959	P 3/144	32	2960	1600,	1825	1885	1250/1500		1250/1500	600	1100	1700			
AB	1958	1959	2 BS	25	3115	1600	1630	1965	1270/1430		1250/1500	585	875	1460			
ABL	1958	1959	2 LB	25	3122	1600	1630	1965	1270/1430		1250/1500	585	875	1460			
ABN	1958	1958	2 BS	25	2960	1585	1725	1870	1270/1430		1250/1500	550	875	1425			
ABS	1958	1958	2 BS	22	2960	1585	1725	1870	1250/1430		1250/1500	550	870	1420			
ADK	1958	1959	2 DNS	15	2635	1514	1570	1600	1270/1430		1250/1500	500	600	1100			
ADN	1958	1959	2 DNS	16	2825/2635	1514	1570	1790/1600	1270/1430		1250/1500	500	600	1100			
A 2 B	1959	1960	2 BS	25	3738	1500	1600	1980	1250/1500		1250/1500	585	875	1460	700	1600	2000
A 2 BL	1959	1960	2 LB	25	3738	1500	1600	1980	1250/1500		1250/1500	585	875	1460	700	1600	2000
A 2 D	1959	1960	2 DNS	20	3080	1520	1385	1850	1250/1500		1250/1500	510	830	1340	600	1600	2000
A 2 DL	1959	1960	2 LD	20	3080	1520	1385	1850	1250/1500		1250/1500	510	830	1340	600	1600	2000
A 2 KS	1959	1965	2 LKN	15	2850	1460	1500	1650	1250/1500		1250/1500	420	470	890	500	1000	1500
A 2 L	1959	1962	2 LD	20	3080	1520	1385	1850	1250/1500		1250/1500	510	830	1340	600	1600	2000
A 2 W	1959	1962	2 DNS	20	3080	1520	1385	1850	1250/1500		1250/1500	510	830	1340	600	1600	2000
A 3 K	1959	1962	3 LKN	25	3140	1525	1540	1886	1250/1500		1250/1500	520	945	1465	1050	1600	2300
A 3 KT	1959	1962	3 LKN	25	3380	1525	1570	2000	1250/1500		1250/1500	610	840	1450	700	1380	2000
A 4 M	1959	1962	OM 636 E-VI	34	3050	1552	1550	1950	1250/1500		1250/1500	650	1000	1650	900	1700	2600
A 3 KA	1962	1962	3 LKA	25	3140	1525	1540	1886	1250/1500		1250/1500	520	945	1465	1050	1600	2300
A 3 KTA	1962	1965	3 LKA	25	3380	1525	1570	2000	1250/1950		1250/1927	570	1000	1570	1050	1600	2300
AL	1962	1962	2 LD	20	3080	1520	1385	1850	1250/1500		1250/1500	510	830	1340	600	1600	2000
AW	1962	1962	2 DNS	20	3080	1520	1385	1850	1250/1500		1250/1500	510	830	1340	600	1600	2000
Gotland/G 50	1962	1962	4 L 79	48	3660	1832	1555	2200	1500/1750		1500/1750			2680			
Toledo/G 40	1962	1962	3 L 79	36	3070	1572	1485	1954	1250/1500		1250/1500			2015			
G 25/G 25 S/G 25 E	1963	1969	2 L 79	24	3135	1590	1470	1854	1270-1775		1250/1500	580	1190	1770			2700
G 30/G 30 S	1963	1969	3 L 79	32	3235	1590	1470	1954	1275-1775		1250/1500	630	1235	1865	1350	2400	3750
G 40 (S)/G 40 A (S)	1963	1969	3 L 79	38	3257/3328	1572/1750	1510/1547	1954	1275-1775	1375	1360/1500	945	1400	2345			
G 50 (S)/G 50 A (S)	1963	1969	4 L 79	50	3686/3716	1862	1560/1555	2200/2102	1520-1775	1375	1500/1750	850/1025	2645/2960	3495/3985			4000
G 15	1965	1965	2 LKN	15	2850	1460	1500	1650	1250/1500		1250/1500	420	470	890	500	1000	1500
G 40 W	1965	1969	3 L 79	38	2840	1106	1300	1954	858-1254		858-1254	660	1015	1675			
G 45 (S)/G 45 A (S)	1965	1969	4 L 79	45	3480/3564	1638/1720	1512/1541	2092/2102	1250-1775	1375	1360/1500	765/965	1330/1440	2095/2405	1500	2700	4000
G 75 (S)/G 75 A (S)	1965	1967	6 L 79	70	4200	1945	1650	5416	1510	1500	1500/1750	1080/1230	1970/2020	3050/3250	2000	3600	5000
G 35 (S)/G 35 A (S)	1967	1969	3 L 79	35	3250	1662	1510	1954	1275-1775	1375	1250/1500	625	1270	1895	1250	2400	3200
G 75 (S)/G 75 A (S)	1967	1969	6 L 79	75	4200	1945	1650	5416	1510	1500	1500/1750	1140/1440	1860/1940	3000/3380	1900/2000	3600	5000
G 60 (S)/G 60 A (S)	1968	1969	6 L 79	60	3955	1865	1625	2315	1510	1375	1500/1750	1005/1185	1745/1805	2750/2990	1650/1750	3400	4400

Schlepper-Motoren

Güldner-Motor	Zylinder-zahl	Kühlung	Arbeits-verfahren	Brenn-verfahren	Kurbelwellen-lager	Bohrung mm	Hub mm	Hubraum ccm	U/min	PS	Gewicht kg	Gebaut ab	Eingebaut im Schlepper	Einbauzeit
1 F	1	Wasserumlauf	Viertakt	Wälzkammer	Rollenlager	115	150	1558	1500	25	510	1938	A 20	1938–1942
2 F	2	Wasserumlauf	Viertakt	Wälzkammer	Rollenlager	105	150	2598	1500	28	526	1938	A 28	1948–1951
2 F	2	Wasserumlauf	Viertakt	Wälzkammer	Rollenlager	105	150	2598	1500	30	526	1938	AF 30	1948–1951
2 F	2	Wasserumlauf	Viertakt	Wälzkammer	Rollenlager	105	150	2598	1500	30	526	1938	AF 30 P	1951–1953
2 E	2	Wasserumlauf	Viertakt	Wälzkammer	Rollenlager	100	140	2199	1500	30	470	1942	A 30	1941–1942
2 Z	2	Wasserumlauf	Viertakt	Holzvergaser	Rollenlager	130	150	3882	1500	25		1943	AZ 25	1943–1944
D 215 / 2 D 15	2	Wasserumlauf	Viertakt	Wälzkammer	Rollenlager	85	115	1304	1800	16		1949	A 15	1949–1950
D 215 / 2 D 15	2	Wasserumlauf	Viertakt	Wälzkammer	Rollenlager	85	115	1304	1800	17		1949	AF 15	1949–1953
2 DA	2	Wasserumlauf	Viertakt	Wälzkammer	Rollenlager	95	115	1630	1800	22	360	1951	AF 20	1951–1952
2 DA	2	Wasserumlauf	Viertakt	Wälzkammer	Rollenlager	95	115	1630	1800	22	360	1951	ADA	1952–1955
2 FN	2	Wasserumlauf	Viertakt	Wälzkammer	Rollenlager	105	140	2425	1500	28	430	1952	AFS	1953–1957
2 FN	2	Wasserumlauf	Viertakt	Wälzkammer	Rollenlager	105	140	2425	1800	35	430	1952	AFN	1952–1957
2 DN	2	Wasserumlauf	Viertakt	Wälzkammer	Rollenlager	85	115	1305	1800	16	250	1953	ADN	1953–1958
2 DN	2	Wasserumlauf	Viertakt	Wälzkammer	Rollenlager	85	115	1305	1800	18	250	1953	ADS	1954–1955
2 K	2	Wasserumlauf	Viertakt	Wälzkammer	Gleitlager	75	100	880	2000	12	200	1953	AZK	1953
2 KN	2	Wasserumlauf	Viertakt	Wälzkammer	Gleitlager	75	100	880	2100	12	200	1953	AZK	1953–1958
2 BN	2	Wasserumlauf	Viertakt	Wälzkammer	Rollenlager	95	130	1840	1800	22	300	1954	ABS	1955–1958
2 BN	2	Wasserumlauf	Viertakt	Wälzkammer	Rollenlager	95	130	1840	1800	25	300	1954	ABN	1955–1958
2 LD	2	Wasserumlauf	Viertakt	Wälzkammer	Rollenlager	85	115	1305	2000	17	230	1954	ALD	1954–1959
2 LD	2	Luftkühlung	Viertakt	Wälzkammer	Rollenlager	85	115	1305	2000	17	230	1954	Multitrak	1955–1957
2 LD	2	Luftkühlung	Viertakt	Wälzkammer	Gleitlager	85	115	1305	2200	20	230	1954	A 2 DL	1959–1960
2 LD	2	Luftkühlung	Viertakt	Wälzkammer	Gleitlager	85	115	1305	2200	20	230	1954	A 2 L	1960–1962
2 LD	2	Luftkühlung	Viertakt	Wälzkammer	Gleitlager	85	115	1305	2200	20	230	1954	AL	1962
2 LB	2	Luftkühlung	Viertakt	Wälzkammer	Rollenlager	95	130	1840	1800	22	275	1955	ALB	1955–1958
2 LB	2	Luftkühlung	Viertakt	Wälzkammer	Rollenlager	95	130	1840	1800	24	275	1955	ABL	1958–1959
2 LB	2	Luftkühlung	Viertakt	Wälzkammer	Rollenlager	95	130	1840	1800	25	275	1955	A 2 BL	1959–1960
2 LKN	2	Luftkühlung	Viertakt	Wälzkammer	Gleitlager	75	100	885	2300	13	180	1956	AK	1956–1958
2 LKN	2	Luftkühlung	Viertakt	Wälzkammer	Gleitlager	75	100	885	2470	14	180	1956	AK	1958–1959
2 LKN	2	Luftkühlung	Viertakt	Wälzkammer	Gleitlager	75	100	885	2590	15	180	1956	A 2 K	1959–1960
2 LKN	2	Luftkühlung	Viertakt	Wälzkammer	Gleitlager	75	100	885	2590	15	180	1956	A 2 KN	1960–1962
2 LKN	2	Luftkühlung	Viertakt	Wälzkammer	Gleitlager	75	100	885	2590	15	180	1956	A 2 KS	1962–1965
2 LKN	2	Luftkühlung	Viertakt	Wälzkammer	Gleitlager	75	100	885	2590	15	180	1956	G 15	1965–1969
LX	1	Luftkühlung	Viertakt	Wälzkammer	Gleitlager	90	100	636	2500	11	125	1956	AX / A 1 X	1956–1960
2 LK	1	Luftkühlung	Viertakt	Wälzkammer	Gleitlager	75	100	885	2500	12		1957	ALK	1955–1957
2 BS	2	Wasserumlauf	Viertakt	Wälzkammer	Gleitlager	95	130	1840	1800	25		1958	ABN	1958
2 BS	2	Wasserumlauf	Viertakt	Wälzkammer	Gleitlager	95	130	1840	1800	22		1958	ABS	1958
2 BS	2	Wasserumlauf	Viertakt	Wälzkammer	Gleitlager	95	130	1840	1800	25		1958	AB	1958–1959
2 BS	2	Wasserumlauf	Viertakt	Wälzkammer	Gleitlager	95	130	1840	1800	25		1958	A 2 B	1959–1960
2 DNS	2	Wasserumlauf	Viertakt	Wälzkammer	Gleitlager	85	115	1305	1800	15	250	1958	ADK	1958–1959
2 DNS	2	Wasserumlauf	Viertakt	Wälzkammer	Gleitlager	85	115	1305	2000	18	250	1958	ADN	1958–1959
2 DNS	2	Wasserumlauf	Viertakt	Wälzkammer	Gleitlager	85	115	1305	2200	20	250	1958	A 2 D	1959–1960
2 DNS	2	Wasserumlauf	Viertakt	Wälzkammer	Gleitlager	85	115	1305	2200	20	250	1958	A 2 W	1959–1962
2 DNS	2	Wasserumlauf	Viertakt	Wälzkammer	Gleitlager	85	115	1305	2200	20	250	1958	AW	1962
3 LKN	3	Luftkühlung	Viertakt	Wälzkammer	Gleitlager	75	100	1320	2600	25	180	1958	A 3 KT	1959–1962
3 LKN	3	Luftkühlung	Viertakt	Wälzkammer	Gleitlager	75	100	1320	2600	25	180	1958	A 3 K	1960–1961
3 LKA	3	Luftkühlung	Viertakt	Wälzkammer	Gleitlager	80	100	1500	2600	25		1961	A 3 KA	1961–1963
3 LKA	3	Luftkühlung	Viertakt	Wälzkammer	Gleitlager	80	100	1500	2600	25		1961	A 3 KTA	1962–1965
2 L 79	3	Luftkühlung	Viertakt	Wälzkammer	Gleitlager	100	100	1570	2300	24		1962	G 25	1963–1969
3 L 79	3	Luftkühlung	Viertakt	Wälzkammer	Gleitlager	100	100	2356	1800	30		1962	G 30	1963–1965
3 L 79	3	Luftkühlung	Viertakt	Wälzkammer	Gleitlager	100	100	2356	1800	32		1962	G 30	1965–1969
3 L 79	3	Luftkühlung	Viertakt	Wälzkammer	Gleitlager	100	100	2356	2200	35		1962	G 35	1967–1969
3 L 79	3	Luftkühlung	Viertakt	Wälzkammer	Gleitlager	100	100	2356	2300	36		1962	Toledo G 40	1962
3 L 79	3	Luftkühlung	Viertakt	Wälzkammer	Gleitlager	100	100	2356	2300	38		1962	G 40	1963–1969
3 L 79	3	Luftkühlung	Viertakt	Wälzkammer	Gleitlager	100	100	2356	2300	38		1962	G 40 W	1965–1968
4 L 79	4	Luftkühlung	Viertakt	Wälzkammer	Gleitlager	100	100	3140	2000	45		1962	G 45	1965–1969
4 L 79	4	Luftkühlung	Viertakt	Wälzkammer	Gleitlager	100	100	3140	2200	48		1962	Gotland G 50	1962
4 L 79	4	Luftkühlung	Viertakt	Wälzkammer	Gleitlager	100	100	3140	2300	50		1962	G 50	1963–1967
6 L 79	6	Luftkühlung	Viertakt	Wälzkammer	Gleitlager	100	100	4712	2000	60		1962	G 60	1968–1969
6 L 79	6	Luftkühlung	Viertakt	Wälzkammer	Gleitlager	100	100	4712	2000	65		1962	G 75	1965–1967
6 L 79	6	Luftkühlung	Viertakt	Wälzkammer	Gleitlager	100	100	4712	2000	70		1962	G 75 A	1965–1967
6 L 79	6	Luftkühlung	Viertakt	Wälzkammer	Gleitlager	100	100	4712	2000	70		1962	G 75	1967–1969
6 L 79	6	Luftkühlung	Viertakt	Wälzkammer	Gleitlager	100	100	4712	2200	75		1962	G 75 A	1967–1969
Perkins-Motor A 3-144	3	Wasserumlauf	Viertakt	Direkteinspritzer	Gleitlager	88,9	127	2360	2000	32			A 3 P	1957–1958
Daimler-Benz-Motor OM 636 VI-E	4	Wasserumlauf	Viertakt	Vorkammer	Gleitlager	75	100	1767	3000	34			A 4 M / Toledo	1958–1961

Einspritzanlagen

Schlepper	Bauzeit	Motor	Einspritz-pumpen-Hersteller	Einspritzpumpe 1 I. Flachkammerkolben II. Kugelkammerkolben	Einspritzpumpe 2 I. Flachkammerkolben II. Kugelkammerkolben	Einspritzpumpe 3 I. Flachkammerkolben II. Kugelkammerkolben	Einspritz-druck atü
A 20	1938–1942	1 F	Natter				120
A 30	1941–1942	2 E	Bosch	PF 1 B 90 CS 825			105
AZ 25	1941–1944	2 Z					
A 28	1948–1951	2 F	Natter	PFR 2 B 70 BS 790 vor 1949	PFR 2 B 90 BS 790		155
AF 30	1948–1951	2 F	Natter	PFR 2 B 70 BS 790 vor 1949	PFR 2 B 90 BS 790		155
A 15	1949–1950	2 D 15	Natter	T 3819	BP 1014		150
AF 15	1949–1954	2 D 15	Natter	T 3819	BP 1014		150
AF 20	1951–1952	2 DA	Natter	PFR 2 A 70 BS 47	PFR 2 A 60 BS 47		155
AF 30 P	1951–1953	2 F	Natter	PFR 2 B 70 BS 790 vor 1949	PFR 2 B 90 BS 790		155
ADA	1952–1955	2 DA	Natter	PFR 2 A 70 BS 47	PFR 2 A 60 BS 47		155
AFN	1952–1957	2 FN	Natter	PFR 2 A 70 BS 67	PFR 2 A 75/59/7	PFR 2 A 75/201/7	155
AZK	1953	2 K	Bosch	PFR 2 A 60/203/7	PFR 2 A 60/203 bis 7/54	PFR 2 A 60/32 v. 8/54 . 10/54	160
AFS	1953–1957	2 FN	Natter	PFR 2 A 70 BS 67	PFR 2 A 75/59/7	PFR 2 A 75/201/7	155
ADN	1953–1958	2 DN	Bosch	PFR 2 A 60/202/7			150
AZK	1953–1958	2 KN	Bosch	PFR 2 A 60/32 bis 8/54	PFR 2 A 60/49/7 ab 11/54		160
ADS	1954–1955	2 DN	Bosch	PFR 2 A 60/201/7			150
ALD	1954–1959	2 LD	Bosch	I. PFR 2 A 70/46/7z	II. PFR 2 A 70/104/7v	II. PFR 2 A 70/149/7	150
ALK	1955–1957	2 LK	Bosch	I. PFR 2 A 60/49/7z	II. PFR 2 A 60/134/7		130
Multitrak	1955–1957	2 LD	Bosch	I. PFR 2 A 70/46/7z	II. PFR 2 A 70/104/7v	II. PFR 2 A 70/149/7	150
ABN	1955–1958	2 BN	Natter	PFR 2 A 75/201/7			160
ABS	1955–1958	2 BN	Natter	PFR 2 A 75/201/7			160
ALB	1955–1958	2 LB	Natter	I. PFR 2 A 70/46/7	II. PFR 2 A 70/104/7w	II. PFR 2 A 70/216/7	150
AK	1956–1958	2 LKN	Bosch	I. PFR 1 A 60/49/7z	II. PFR 1 A 60/134/7	II. PFR 1 A 60/215/7	150
AX / A 1 X	1956–1958	LX	Bosch	I. PFR 1 K 70/76/7	II. PFR 1 K 70/97/7		130
A 3 P	1957–1958	A 3-144	C A V	BPE 4 A 60 S 320/3 S 6392			135
ABS	1958	2 BS	Natter	PFR 2 A 75/124/7	PFR 2 A 75/124/7z		160
ABN	1958	2 BS	Natter	PFR 2 A 75/124/7	PFR 2 A 75/124/7z		160
ADN	1958–1959	2 DNS	Bosch	PFR 2 A 60/49/7y	PFR 2 A 60/83/7		150
ADK	1958–1959	2 DNS	Bosch	PFR 2 A 60/103/7z			150
ABL	1958–1959	2 LB	Natter	I. PFR 2 A 70/46/7	II. PFR 2 A 70/104/7w	II. PFR 2 A 70/216/7	150
AB	1958–1959	2 BS	Natter	PFR 2 A 75/124/7	PFR 2 A 75/124/7z		160
A 4 M / Toledo	1958–1961	OM 636 VI-E	Bosch	PES 4 50 B 410 RS 68	PES 4 50 B 410 RS 68z		120
A 3 K / A 3 KT	1959	3 LKN	Bosch	PES 3 A 60 B 300 RS 418/13			150
A 2 D	1959–1960	2 DNS	Bosch	PFR 2 A 60/103/7			150
A 2 K	1959–1960	2 LKN	Bosch	I. PFR 1 A 60/49/7z	II. PFR 1 A 60/134/7	II. PFR 1 A 60/215/7	150
A 2 B	1959–1960	2 BS	Natter	PFR 2 A 75/124/7	PFR 2 A 75/124/7z		160
A 2 BL	1959–1960	2 LB	Natter	I. PFR 2 A 70/46/7	II. PFR 2 A 70/104/7w	II. PFR 2 A 70/216/7	150
A 2 DL	1959–1960	2 LD	Bosch	II. PFR 2 A 70/149/7	II. PFR 2 A 70/217/7		150
A 2 W	1959–1962	2 DNS	Bosch	PFR 2 A 60/103/7			150
A 2 L	1959–1962	2 LD	Bosch	II. PFR 2 A 70/149/7	II. PFR 2 A 70/217/7		150
A 3 K(T)	1959–1962	3 LKN	Bosch	PES 3 A 60 B 300 RS 418/13			150
A 2 KS	1960–1965	2 LKN	Bosch	I. PFR 1 A 60/49/7z	II. PFR 1 A 60/134/7	II. PFR 1 A 60/215/7	150
Gotland G 50	1962	4 L 79	Bosch	PES 4 A 70 B 400 RS 1037	PES 4 A 70 C 400 RS 1037		150
Toledo G 40	1962	3 L 79	Bosch	PES 3 A 70 B 300 RS 1037	PES 3 A 70 C 300 RS 1037		150
AW Tessin	1962	2 DNS	Bosch	PFR 2 A 60/103/7			150
AL	1962	2 LD	Bosch	II. PFR 2 A 70/149/7	II. PFR 2 A 70/217/7		150
A 3 KA(KTA)	1962–1965	3 LKA	Bosch	PES 3 A 60 B 300 RS 418/13	PES 3 A 60 B 300 RS 1015	PES 3 A 60 C 300 RS 1015	150
G 40	1963–1969	3 L 79	Bosch	PES 3 A 75 C 300 RS 1037	PES 3 A 75 C 300 RS 1151	EA/VA 3/100 H 1050 R 111-1	150
G 50	1963–1969	4 L 79	Bosch	PES 4 A 75 C 400 RS 1151	EP/VA 4/100 H 1150 R 106		150
G 30	1963–1969	3 L 79	Bosch	PES 3 A 70 B 300 RS 1037	PES 3 A 70 C 300 RS 1037	EA/VA 3/100 H 1000 R 111	150
G 25	1963–1969	2 L 79	Bosch	PFR 2 K 70/259/11			150
G 75	1965–1967	6 L 79	Bosch	PES 6 A 75 C 400 RS 1151	EP/VA 6/100 H 1000 R 120		150
G 75 A	1965–1967	6 L 79	Bosch	EP/VA 6/100 H 1100 R 120			150
G 15	1965–1969	2 LKN	Bosch	II. PFR 1 A 60/215/7			150
G 45	1965–1969	4 L 79	Bosch	PES 4 A 75 C 400 RS 1151	EP/VA 4/100 H 1000 R 112		150
G 75	1967–1969	6 L 79	Bosch	EP/VA 6/100 H 1000 R 117			150
G 75 A	1967–1969	6 L 79	Bosch	EP/VA 6/100 H 1100 R 120 z	EP/VA 6/100 H 1100 R 140		150
G 35	1967–1969	3 L 79	Bosch	EA/VA 3/100 H 1000 R 111	EA/VA 3/100 H 1050 R 111-1		150
G 60	1968–1969	6 L 79	Bosch	EP/VA 6/100 H 1000 AR 140-2			150

Einspritzdüse 1 I. Flachkammer II. Kugelkammer	Einspritzdüse 2 I. Flachkammer II. Kugelkammer	Einspritzdüse 3 I. Flachkammer II. Kugelkammer	Schlepper	Düsenhalter1 B = Bosch N = Natter	Düsenhalter 2 B = Bosch N = Natter	Spritfilter (Bosch)	Kraftstoff-pumpe 1 (Bosch)
DN 8 S 2			A 20	B KB 50 S 259	KB 50 SA 259		
DN 8 S 2			A 30				
			AZ 25				
DN 8 S 2			A 28	B KB 52 SA 259		FA 5 P 29	
DN 8 S 2			AF 30	B KB 52 SA 259		FA 5 P 29	
DN 8 S 2	DN 8 S 129		A 15	B KB 35 SA 259		FA 5 P 29	
DN 8 S 2	DN 8 S 129		AF 15	B KB 35 SA 259		FA 5 P 29	
DN 8 S 129			AF 20	B KB 35 SA 259		FA 5 P 29	
DN 8 S 2			AF 30 P	B KB 52 SA 259		FA 5 P 29	
DN 8 S 129			ADA	B KB 35 SA 259		FA 5 P 29	
DN 8 S 2	DN 8 S 129		AFN	B KB 50 SA 259		FJ/AZ 5/3	
DN 8 S 129			AZK	N DH 1402 A		FJ/DF 5/103	
DN 8 S 2	DN 8 S 129		AFS	B KB 50 SA 259		FJ/AZ 5/3	
DN 8 S 129			ADN	N DH 1402 A		FJ/DF 5/103	
DN 8 S 129			AZK	N DH 1402 A		FJ/DF 5/103	
DN 8 S 129			ADS	N DH 1402 A		FJ/DF 5/103	
I. DN O SD 211	II. DN 8 S 129	II. DN O SD 32	ALD	KBA 38 SA 557	N DH 1414	FJ/DF 5/103	
DN O SD 211			ALK	N DH 1402 A		FJ/DF 2/103	
I. DN O SD 211	II. DN 8 S 129	II. DN O SD 32	Multitrak	KBA 38 SA 557	N DH 1414	FJ/DF 5/103	
DN 8 S 129			ABN	N DH 1402 A		FJ/DF 5/103	
DN 8 S 129			ABS	N DH 1402 A		FJ/DF 5/103	
DN 8 SD 126	DN 8 S 129		ALB	B KB 35 SV 557	N DH 1414	FJ/DF 5/103	
I. DN O SD 211	II. DN 8 S 129		AK	B KBA 38 S 16/13	N DH 1402 A	FJ/DF 5/103	
I. DN 8 S 1	II. DN 8 S 129		AX / A 1 X	Natter: DH 1414		FJ/DF 2/103	
BDL 110 S 6133			A 3 P	CAV BKB 32 S 630			
DN 8 S 129			ABS	N DH 1402 A		FJ/DF 5/103	
DN 8 S 129			ABN	N DH 1402 A		FJ/DF 5/103	
DN 8 S 129			ADN	N DH 1402 A		FJ/DF 5/103	
DN 8 S 129			ADK	N DH 1402 A		FJ/DF 5/103	
DN 8 SD 126	DN 8 S 129		ABL	B KB 35 SV 557	N DH 1414	FJ/DF 5/103	
DN 8 S 129			AB	N DH 1402 A		FJ/DF 5/103	
DN O SD 211			A 4 M / Toledo	KCA 30 SD 2/4			
DN O SD 211			A 3 K / A 3 KT	KBA 38 S 16/13		FJ/DF 5/103	FP/KS 22 AC 5
DN 8 S 129			A 2 D	N DH 1402 A		FJ/DF 5/103	
I. DN O SD 211	II. DN 8 S 129		A 2 K	B KBA 38 S 16/13	N DH 1402 A	FJ/DF 5/103	
DN 8 S 129			A 2 B	N DH 1402 A		FJ/DF 5/103	
DN 8 SD 126	DN 8 S 129		A 2 BL	B KB 35 SV 557	N DH 1414	FJ/DF 5/103	
II. DN O SD 211	II. DN 8 S 129	II. DN O SD 32	A 2 DL	B KBA 38 SA 557	N DH 1429	FJ/DF 5/103	
DN 8 S 129			A 2 W	N DH 1402 A		FJ/DF 5/103	
II. DN O SD 211	II. DN 8 S 129	II. DN O SD 32	A 2 L	B KBA 38 SA 557	N DH 1429	FJ/DF 5/103	
DN O SD 211			A 3 K(T)	KBA 38 S 16/13		FJ/DF 5/103	FP/KS 22 AC 5
I. DN O SD 211	II. DN 8 S 129		A 2 KS	B KBA 38 S 16/13	N DH 1402 A	FJ/DF 5/103	
DN O SD 211			Gotland G 50	B KBA 38 S 4/4	N DH 1428/2	FJ/AF 11/3	FP/KS 22 AD 30/2
DN O SD 211			Toledo G 40	B KBA 38 S 24/4	N DH 1428/3	FJ/AF 11/3	FP/KS 22 AD 30/2
DN 8 S 129			AW Tessin	N DH 1402 A		FJ/DF 5/103	
II. DN O SD 211	II. DN 8 S 129	II. DN O SD 32	AL	B KBA 38 SA 557	N DH 1429	FJ/DF 5/103	
DN 8 S 129			A 3 KA(KTA)	B KBA 38 S 16/13		FJ/DF 5/103	FP/KS 22 AD 28
DN O SD 211			G 40	B KBA 38 S 24/4	N DH 1428/3	FJ/AF 11/3	FP/KS 22 AD 30/2
DN O SD 211			G 50	B KBA 38 S 4/4	N DH 1428/2	FJ/AF 11/3	FP/KS 22 AD 30/2
DN O SD 211			G 30	B KBA 38 S 24/4	N DH 1428/3	FJ/AF 11/3	FP/KS 22 AD 30/2
DN O SD 211			G 25	B KBA 38 S 4/4	N DH 1428/2	FJ/DF 5/103	
DN O SD 211			G 75	B KBA 38 S 4/4 (24/4)	N DH 1428/2	FJ/AF 11/3	FP/KS 22 AD 30/2
DN O SD 211			G 75 A	B KBA 38 S 4/4 (24/4)	N DH 1428/2	FJ/AF 11/3	FP/KS 22 AD 30/2
II. DN 8 S 129			G 15	B KBA 38 S 16/13	N DH 1414	FJ/DF 5/103	
DN O SD 211			G 45	B KBA 38 S 24/4	N DH 1428/3	FJ/AF 11/3	FP/KS 22 AD 30/2
DN O SD 211			G 75	B KBA 38 S 24/4 (24/13)	N DH 1428/2	FJ/AF 11/3	FP/KS 22 AD 30/2
DN O SD 211			G 75 A	B KBA 38 S 24/4 (24/13)	N DH 1428/2	FJ/AF 11/3	FP/KS 22 AD 30/2
DN O SD 211			G 35	B KBA 38 S 24/4	N DH 1428/3	FJ/AF 11/3	FP/KS 22 AD 30/2
DN O SD 211			G 60	B KBA 38 S 24/4	N DH 1428/3	FJ/AF 11/3	FP/KS 22 AD 30/2

Schlepper Getriebe

Schlepper	Hersteller	Kupplung Einfach-Kupplung	Doppel-Kupplung	Hersteller	Getriebe Typ 1	Typ 2	Gänge V/R	Zapfwellen Motor-zapfwelle	Getriebe-zapfwelle	Breite mm	Riemenscheibe Durch-messer mm	Drehzahl U/min
A 20	F & S	K 16 Z		Prometheus	ASS 14	A 12	4/1		540	150/140	225	1400/1250
A 30	F & S	G 22 Z		Prometheus	ASS 14		4/1		540	150	225	1300
AZ 25	F & S	G 22 Z		Prometheus	ASS 14 K	A 12 G	4/1		540	150/140	225/250	1450/1290
A 28	F & S	G 22 Z		ZA(Renk)	SG 22-28/4		4/1		540	140	200	1350
AF 30	F & S	K 16 Z		Fahr			5/1		540	140	200	1475
A 15	F & S	K 12 Z		ZA(Renk)	SG 14-4		4/1		540	120	170	1800
AF 15	F & S	K 12 Z		ZF	A 8		5/1		540	140	200	1475
AF 20	F & S	K 12 Z v		ZF	A 8		5/1		540	140	200	1475
AF 30 P	F & S	K 22 Z		ZF	A 15		5/1		540	140	200	1475
ADA	F & S	K 12 Z v		ZF	A 8		5/1		540	140	200	1475
AFN	F & S	G 22 Z		ZF	A 15 D		5/1		540	150	220	1767
ADN	F & S	K 12 Z		ZF	A 5/5	A 5/6	5/1 o. 6/1		540	140	200	1450
AFS	F & S	G 22 Z		ZF	A 15 B		5/1		540	150	220	1767
AZK	F & S	K 12 Z		ZF	A 5/5	A 5/6	5/1 o. 6/1		540	140	200	1475
ABN	F & S	K 12 Z		ZF	A 8		6/1		540	140	200	1480
ADS	F & S	K 12 Z		ZF	A 8	A 8/6	5/1 o. 6/1		540	140	200	1610
ALD	F & S	K 12 Z		ZF	A 5/5	A 5/6	5/1 o. 6/1		540	140	200	1610
ABS	F & S	K 12 Z		ZF	A 8/6		6/1		540	140	200	1475
ALB	F & S	K 12 Z v		ZF	A 8/6		6/1		540	140	200	1480
ALK	F & S	K 12 Z		ZF	A 5/5	A 5/6	5/1 o. 6/1		540	140	200	1610
Multitrak	F & S	K 12 Z		ZF	A 5/5	A 5/6	5/1 o. 6/1		540	140	180	1760
AK	F & S	K 12 Z v		ZF	A 4		6/2 o. 9/3		540	100	180	1750
AX/A 1 X	F & S	K 12 Z v		ZF	A 4		6/2 o. 9/3		540	100	180	1750
A 3 P	F & S	K 22 Z		ZF	A 10		5/1 o. 8/2		540	150	200	1482
AB	F & S	K 16 Z		ZF	A 8/6		6/1		540	140	200	1480
ABL	F & S	K 16 Z		ZF	A 8/6		6/1		540	140	200	1480
ABN	F & S	K 12 Z		ZF	A 8		6/1		540	140	200	1480
ABS	F & S	K 12 Z		ZF	A 8/6		6/1		540	140	200	1475
ADK	F & S	K 12 Z		ZF	A 5/5	A 5/6	5/1 o. 6/1		540	140	200	1450
ADN	F & S	K 12 Z		ZF	A 5/5	A 5/6	5/1 o. 6/1		540	140	200	1450
A 2 B	F & S	K 16 Z		ZF	A 8/6		6/1		540	140	220	1480
A 2 BL	F & S	K 16 Z		ZF	A 8/6		6/1		540	140	220	1480
A 2 D	F & S	K 12 Z		ZF	A 205 / CSP		8/4		540	140	180	1615
A 2 DL	F & S	K 12 Z		ZF	A 205 / CSP		8/4		540	140	180	1615
A 2 KS	F & S	K 10		ZF	A 4		6/2 o. 9/2		540	100	180	1750
A 2 L	F & S	K 12 Z		ZF	A 205/1- CCS		8/4		540	140	180	1615
A 2 W	F & S	K 12 Z		ZF	A 205/1- CCS		8/4		540	140	180	1615
A 3 K	F & S		DO 16/12 K	ZF	A 205		8/4	540/1000		165	180/220	1637/1428
A 3 KT	F & S		DO 16/12 K	ZF	A 205		8/4	540/1000		165	220	1428
A 4 M	F & S		DO 225/200 K	ZF	A 208		8/4	540/1000		165	220	1460
A 3 KA	F & S		DO 16/12 K	ZF	A 205		8/4	540/1000		165	180/220	1637/1428
A 3 KTA	F & S		DO 16/12 K	ZF	A 205		8/4	540/1000		165	180/220	1638/1428
AL	F & S	K 12 Z		ZF	A 205/1- CCS		8/4		540	140	180	1615
AW	F & S	K 12 Z		ZF	A 205/1- CCS		8/4		540	140	180	1615
Gotland/G 50	F & S		DO 280/250 K	ZF	A 216		8/4	540/1000				
Toledo/G 40	F & S		DO 250/225 K	ZF	A 210 II		8/4	540/1000		150	220	1593
G 25/G 25 S/G 25 E	F & S		DO 250/225 K	ZF	A 208 II		8/4	540/1000		150	220	1593
G 30/G 30 S	F & S		DO 250/225 K	ZF	A 208		8/4	540/1000		150	220	1545
G 40 (S)/G 40 A (S)	F & S		DO 250/225 K	ZF	A 210 II		8/4	540/1000		150	220	1593
G 50 (S)/G 50 A (S)	F & S		DO 280/250 K	ZF	A 216 II		8/4	540/1000				
G 15	F & S	K 10		ZF	A 4		6/2 o. 9/2		540	100	180	1750
G 40 W	F & S		DO 250/225 K	ZF	A 210		8/4	540/1000				
G 45 (S)/G 45 A (S)	F & S		DO 280/250 K	ZF	A 210 II		8/4	540/1000				
G 75 (S)/G 75 A (S)	F & S		DO 280/250 K	ZF	T 318 II		8/4	540/1000				
G 35 (S)/G 35 A (S)	F & S		DO 250/225 K	ZF	A 208		8/4	540/1000		150	220	1545
G 75 (S)/G 75 A (S)	F & S		DO 280/250 K	ZF	T 318 II		8/4	540/1000				
G 60 (S)/G 60 A (S)	F & S		DO 280/280 K	ZF	A 216 II		8/4	540/1000				

Schlepper Bereifungen

Schlepper	Serien-Bereifung Vorn	Allrad vorn	Hinten	Wunschbereifung Vorn	Allrad vorn	Hinten	Hinten
A 20	5,25 x 16		8,00 x 20				
A 30	6,50 x 16		9,00 x 24			11,25 x 24 AL	
AZ 25	6,00 x 16		9,00 x 24			1250 x 265 mm	
A 28	6,50 x 16		11,25 x 24 AL				
AF 30	6,50 x 16		11,25 x 24 AL				
A 15	6,50 x 16		8,00 x 20				
AF 15	6,50 x 16		8,00 x 20			6,50 x 32	
AF 20	5,00 x 16		9,00 x 24			6,50 x 32/7 x 30	
AF 30 P	6,50 x 16		11,25 x 24 AL				
ADA	5,00 x 16		9,00 x 24			8 x 32/10 x 28	
AFN	6,00 x 16		10 x 28			11,25 x 24/11 x 28	
ADN	4,50 x 16		8 x 24			7 x 30/8 x 32	9,00 x 24/10 x 28
AFS	6,00 x 16		10 x 28			11,25 x 24/11 x 28	
AZK	4,50 x 16		8 x 24			7 x 30/8 x 32	
ABN	5,00 x 16		10 x 28			8 x 32/9,00 x 24/11 x 28	
ADS	4,50 x 16		8 x 24			7 x 30/8 x 32	9,00 x 24/10 x 28
ALD	4,50 x 16		8 x 24			7 x 30/8 x 32	9,00 x 24/10 x 28
ABS	5,00 x 16		10 x 28			8 x 32	
ALB	5,00 x 16		10 x 28			8 x 24/11 x 28	
ALK	4,50 x 16		8 x 24			7 x 30/8 x 32/9 x 24	
Multitrak	5,50 x 16		8 x 24			7 x 24	
AK	4,00 x 16		7 x 30			8 x 24	
AX/A 1 X	4,00 x 16		7 x 24			8 x 24	
A 3 P	5,50 x 16		10 x 28			11 x 28	
AB	5,00 x 16		10 x 28			8 x 32	
ABL	5,00 x 16		10 x 28			8 x 32	
ABN	5,00 x 16		10 x 28			8 x 32/9,00 x 24/11 x 28	
ABS	5,00 x 16		10 x 28			8 x 32	
ADK	4,50 x 16		8 x 24			7 x 30/8 x 32	9,00 x 24/10 x 28
ADN	4,50 x 16		8 x 24			7 x 30/8 x 32	9,00 x 24/10 x 28
A 2 B	5,00 x 16		10 x 28			9 x 32/11 x 28	
A 2 BL	5,00 x 16		10 x 28			9 x 32/11 x 28	
A 2 D	4,50 x 16		10 x 28	5,00 x 16		8 x 32	
A 2 DL	4,50 x 16		10 x 28	5,00 x 16		8 x 32	
A 2 KS	4,00 x 16		8 x 28			7 x 30/9 x 24	
A 2 L	4,50 x 16		10 x 28	5,00 x 16		8 x 32	
A 2 W	4,50 x 16		10 x 28	5,00 x 16		8 x 32	
A 3 K	5,00 x 16		10 x 28			8 x 32/9 x 32	
A 3 KT	5,00 x 16		9 x 32			8 x 32/10 x 28	
A 4 M	5,50 x 16		10 x 28			11 x 28	
A 3 KA	5,00 x 16		10 x 28			8 x 32/9 x 32	
A 3 KTA	5,00 x 16		9 x 32			8 x 32/10 x 28	
AL	4,50 x 16		10 x 28	5,00 x 16		8 x 32	
AW	4,50 x 16		10 x 28	5,00 x 16		8 x 32	
Gotland/G 50	6,00 x 20		11 x 36			13 x 30	
Toledo/G 40	6,00 x 16		11 x 28			11 x 32	
G 25/G 25 S/G 25 E	5,50 x 16		10 x 28	6,00 x 16		9 x 32/11 x 28	
G 30/G 30 S	5,50 x 16		10 x 28	6,00 x 16		11 x 28	
G 40 (S)/G 40 A (S)	6,50 x 20	7,50 x 18 ex. sp.	11 x 32			9 x 36/13 x 28	
G 50 (S)/G 50 A (S)	6,00 x 20	7.50 x 18 ex. sp.	11 x 36		10 x 18 ex. sp.	13 x 30	
G 15	4,00 x 16		8 x 28			7 x 30/9 x 24	
G 40 W	5,00 x 16		10 x 24			9 x 24	
G 45 (S)/G 45 A (S)	6,00 x 20	6,50 x 20	11 x 32		7,50 x 18 ex. sp.	13 x 28	
G 75 (S)/G 75 A (S)	7,50 x 18	10,50 x 20 ex. sp.	15 x 30			15,5 x 38	
G 35 (S)/G 35 A (S)	5,50 x 16	6,50 x 20 ex. sp.	11 x 32	6,00 x 16	f6,50 x 16	9 x 36/10 x 28/11 x 28	
G 75 (S)/G 75 A (S)	7,50 x 18	10,50 x 20 ex. sp.	15 x 30			15,5 x 38	
G 60 (S)/G 60 A (S)	7,50 x 18	7,50 x 18 ex. sp.	14 x 30			12 x 36/13 x 30/15 x 38	

Weitere Nutzfahrzeugbücher des Podszun-Verlags:

Michael Bach / Wolfgang Wagner
Prospekte berühmter Traktoren 1914–1945

Michael Bach / Wolfgang Wagner
Prospekte berühmter Traktoren der fünfziger Jahre

Walter Sack
Eicher Traktoren & Landmaschinen

Walter Sack
Güldner Traktoren und Motoren

Rudi Heppe
Claas Mähdrescher-Prospekte von 1934 bis heute

Bernd Regenberg
Die deutschen Lastwagen der Wirtschaftswunderzeit
Band 1: Vom Dreiradlieferwagen zum Viereinhalbtonner
Band 2: Mittlere und schwere Fahrzeuge
Band 3: Omnibusse

Bernd Regenberg
Die deutschen Lastwagen der sechziger Jahre
Band 1: Büssing, Faun, Hanomag, Henschel

Bernd Regenberg
Das Lastwagen-Album Krupp

Bernd Regenberg
Das Lastwagen-Album Büssing

Bernd Regenberg
Die berühmtesten deutschen Lastwagen von 1896 bis heute

Reinald Schumann
Tempo – eine Chronik

Christian Suhr
Mit dem Omnibus bergauf – die KVG Sachsen

Eckhart Bartels
Opel Fahrzeug-Chronik 1887–1996

Verschiedene Autoren
Jahrbuch Traktoren (erscheint jährlich neu)
Jahrbuch Feuerwehrfahrzeuge (erscheint jährlich neu)
Jahrbuch Lastwagen (erscheint jährlich neu)

Winfried Römer
Berühmte Flugzeuge

Herbert Schleich & Heribert Steingaß
Berühmte deutsche Lokomotiven

Dieter Hasemann
Die Geschichte der Scania Feuerwehrfahrzeuge

Dieter Hasemann
Deutsche Drehleitern für die Feuerwehren der Welt

Axel Johanßen
Deutsche Feuerwehrfahrzeuge aller Zeiten

Hans-Jörg Schierz
Berliner Feuerwehrfahrzeuge von 1960 bis heute